육아 일기 말고 엄마 일기

엄마가 나다움을 잃지 않는 가장 쉬운 방법

육아 일기 말고
엄마 일기

김지연 지음

두시의나무

©김지연

내 인생의 '비비디 바비디 부'

얼마 만인지 모르겠습니다. 아이 덕분에 동화책 《신데 렐라》를 다시 손에 쥐게 된 것 말입니다. 그리고 오랜만에 발음해보았습니다. "비비디 바비디 부." 이야기 속 요정 할머니의 이 한마디는 재투성이 신데렐라와 화려한 드레스를 입고 무도회장에 간 신데렐라의 구분점입니다. 그야말로 신데렐라의 인생 역전을 도와준 일등 공신이지요.

나도 가만히 외쳐봅니다. "비비디 바비디 부." 하지만 아무리 외쳐도 엄마의 현실은 재투성이 신데렐라를 벗어나지 못합니다. 간절히 생각하면 이루어진다는 현인들의 조언은 환상에 불과하다고 조롱이라도 하듯 말입니다. 멀티태스

킹의 늪에서 헤어나지 못하며, 완벽한 엄마가 되어야만 하고, 불안하기 그지없습니다. 같은 후회를 매일 하고, 도움이 될까 싶어 자발적으로 내 것을 희생하는데도 열등감만 쌓여갑니다. 어린 시절 품었던 꿈은 어디로 사라졌는지 그 방향조차 알 수 없습니다.

사실 예전에도 요정 할머니를 기다린 적이 있었습니다. 직장생활을 할 때도 종종 신데렐라의 기분을 느끼곤 했거든요. 괴롭히는 계모와 새 언니들은 없었지만, 가끔은 재투성이가 된 것 같았습니다. 가장 잘하고 싶었지만 늘 좌충우돌했고, 그 흔한 '커뮤니케이션'이라는 단어는 나에게만 어려운 것 같았지요. 하지만 힘들었던 과거의 시간들은 '성장'이라는 결과물을 안겨다 주었습니다. 비록, 오랜 시간이 흘러야만 깨달을 수 있는 결과물이었지만 말이지요.

이런 낙으로 사회생활을 하나 싶기도 했습니다. 재를 뒤집어쓰기도 하지만 중간중간 내가 커져서 재를 털어버리는 순간을 경험하게 되니 말입니다. 그래서 가엾은 신데렐라여도 요정 할머니가 절실하게 보고 싶지는 않았습니다.

그런데 느닷없이 찾아온 '무력감'은 이제껏 경험했던 재투성이와는 달랐습니다. 자의 반 타의 반으로 엄마의 역할에만 몰입하게 된 후, 나를 잃어버린 듯한 기분이 들었거든요. '성장'이라는 결과물은 더 이상 가질 수 없는 것이 되어버린 듯했습니다. 내가 하고 싶은 일, 내가 원하는 일, 나를 위한 일이 모두 뒤로 밀리거나 없어진 것 같았습니다. 어른이 된 후 '진정한 나'로 사는 법을 이제야 겨우 깨달은 것 같았는데, 다시 '중심을 잃어버린 나'로 돌아간 느낌이었지요. '앞으로 내 이름으로 할 수 있는 일이 과연 있기는 할까?' 싶었던 마음조차 얼마 지나지 않아 사라졌어요. '엄마니까'라는 말은, 어떻게 해야 할지 모르겠는 상황조차 혼자서 감내해야 한다고 압박을 주는 것만 같았습니다. 생각과 행동과 이동의 범위가 육아로 한정될수록, 다시 사회로 나갈 자신은 없어졌어요.

나에게 '비비디 바비디 부'를 외치며 요술 지팡이 한번 스윽 휘둘러줄 요정 할머니는 지금 어디에 있는 걸까요? 끊임없이 부르는데도 대답조차 없다니, 한동안은 야속하기만 했습니다. 그런데 지금은 요정 할머니가 나타나지 않는 이유를 조금 알 것 같기도 합니다. 요정 할머니만 나타나면 나도 신데렐라처럼 순식간에 인생 역전이 일어날 거라 착각하고 있었기 때문입니다.

얼마나 부담스러우셨겠어요. 실은 그 요정 할머니, 그

렇게 대단한 분이 아닐 수도 있습니다. 신데렐라의 '쉬운 문제'는 해결해줄 수 있지만, 엄마들의 '레벨 업 된 문제'는 해결해줄 자신이 없어서 우리에게 나타나지 않는 것일 수도 있잖아요.

이미 결혼한 엄마들의 고민은 신데렐라의 고민과는 차원이 다릅니다. 우리의 문제는 뭐랄까, 더 고차원적이라고나 할까요? 더 골치 아픈 단계의 고민 말입니다. 이 고민은 누구도 해결해줄 수 없기에 지금까지 끌고 온 거잖아요. 결혼으로 마무리되는 모든 동화책이 "평생 행복하게 잘 살았습니다"로 급하게 끝을 맺고, 이후 이야기는 언급하기도 꺼리는 데는 다 이유가 있었던 것입니다.

만약 요정 할머니가 지금의 어려움을 한 번에 해결해주었다고 가정해봅시다. 그렇다 한들 같은 문제가 다시 발생하면 또 요정 할머니를 불러야 합니다. 해결 방법을 알 수 있는 기회를 요정 할머니가 빼앗아 가버리니, 요정 할머니에게 자꾸 의지하게 되지요. 이쯤 되면 한번 생각해봐야 합니다. 이 할머니, 좋은 사람 맞을까요?

사실 누군가에게 문제해결을 맡기려 했다는 것 자체가 난센스입니다. 우리는 엄마이기 때문에 힘들다는 공통분

모는 갖고 있지만 각자의 상황은 다릅니다. 고작 주문 한마디 외우는 할머니에게 우리가 오랜 시간 품고 있던 문제를 해결해달라고 할 수는 없지요.

그래서 말입니다. 도움을 청해야 할 대상은 요정 할머니가 아닙니다. 문제 상황의 제일 한가운데에 있는 사람, 내 문제의 당사자, 바로 나 자신입니다.

나는 어떻게 내 문제를 해결해주는 사람이 될 수 있을까요? 나를 제대로 알아야, 내가 어떤 사람인지 알아야 맞춤 해결책을 제시해줄 수 있지 않을까요?

'멀티태스킹에 능숙한 완벽한 엄마'가 될 수 있다는 희망은 당장에는 달콤하게 보일 수 있습니다. 하지만 그 모든 것이 정말 가능한 일일까요? 혹시 재투성이가 되어 '가까스로', '겨우' 모든 일을 해내고 있는 건 아닌가요? 그 모든 일에는 '내 일'도 포함되어 있나요? '내 일'은 나의 꿈과 나의 마음을 보듬는 일을 말합니다. 혹시 '내 일'을 제외한 나머지의 일들을 해내고 칭찬을 받는 거라면, 그것은 정말 칭찬이 맞을까요?

내가 하는 일인데 나 이외의 것들만 몰아치다 보면, 결국에는 다 잃기 마련입니다. 내가 없어졌기 때문에 내 마음은 힘들어졌습니다. 아픈 것은 내 몸이 아니라 내 마음이었습니다.

나를 알아가는 과정에서 다른 사람들의 시선은 그리 중요하지 않습니다. 내 마음이 아팠던 이유는 나를 고려하지 않은 채 주변 사람들을 의식하고 그들의 평가를 우선순위에 두었기 때문이잖아요. 같은 실수를 반복하고 싶으신가요?

조금 늦었다 싶은 이 시점에, 그래서 나를 알아가고 싶었습니다. 아이 때문에 힘들어도, 엄마라는 타이틀이 버거워도 나를 중심에 두면 힘겹다고 생각되는 시간을 즐길 수 있을 것 같았거든요.

2016년 5월 3일 화요일

오랜만에 아이가 밥 한 그릇, 생선 한 마리 맛있게 먹게 된 것에 감사합니다.

강풍이 부는 날이었는데, 마침 아이가 낮잠을 많이 자서 고민할 필요 없이 문화센터에 가지 않아도 되었습니다. 감사합니다.

좋은 책을 접하게 되어 새로운 관심사가 생기게 된 점, 감사합니다.

운동할 수 있는 시간이 다른 날에 비해 조금 늦게 되어 기분이나마 더 건강해진 것 같습니다. 감사합니다.

'당장 오늘 해야지'라는 조급함을 없애니, 더 생각할 수 있는 시간이 주어졌습니다. 감사합니다.

2016년 5월 3일, 엄마 일기는 '감사 일기'로 시작했습니다. 감사한 하루를 살고 있다고 느끼고 싶었으니까요. 감사 일기의 첫날은 힘들게 찾아낸 것들로 채워졌지만, 별 볼일 없어 보일지라도 소소하게 감사한 일들이 많았습니다. 또 육아 '때문에' 힘들게만 느꼈던 하루 속에서도 육아로 인해 감사한 일이 있다는 사실을 알게 되었습니다. 내가 빠진 하루처럼 보일지라도 사실 나를 웃게 하는 일들에 둘러싸여 있었다는 것을 알게 되자, 잃어버린 자신감도 되찾은 기분이었습니다. 생각을 전환할 수 있다면, 하루를 바라보는 시선에도 변화를 줄 수 있습니다. 이렇게 하루를 대하는 태도가 달라지면서 무력감을 떨쳐낼 수 있는 기회도 스스로 만들어가는 법을 알게 되었지요.

나를 위한 '비비디 바비디 부'는 요정 할머니보다 더 힘 있는 내가 나에게 말해줘야 하는 주문입니다. 매일매일 엄마 일기를 통해 나에게 그렇게 주문을 외워주세요. 누구도 아닌, 세상에서 제일 나를 잘 알고 있는 나에게서 힘을 얻으세요. 평범한 엄마인 제가 엄마 일기를 통해 힘을 얻었다면, 이 책을 읽고 있는 엄마들도 그렇게 할 수 있습니다.

나를 위해, 멈추지 않고 계속 걸어가야지요.

차례

✦

Chapter 1

나는 왜 힘들다고 생각했을까?
즐겁지 않은 엄마의 마음

Chapter 4

나를 알아가는 시간의 목차

엄마 일기를 구성하는 항목들

Chapter 7

엄마 일기, 그 후

엄마 일기를 쓰면서 생긴 변화

Chapter 1

나는 왜 힘들다고
생각했을까?

즐겁지 않은 엄마의 마음

'오늘 뭘 입을까?'를 지웠습니다

자발적인 희생

무슨 옷을 어떻게 입을지 고민하기보다 외출한다는 사실 자체만으로 마냥 즐겁던 시절이 있었습니다. 아이가 어릴수록 그랬지요. 그날도 그랬습니다. 반가운 마음에 헐레벌떡 아무거나 챙겨 입고 친구를 만나러 나간 날이었습니다. 담소를 나누던 중 유리창에 비친 내 모습이 시야에 들어왔습니다. 내 옷차림을 훑어보고 있자니 친구에게 고백을 하지 않을 수 없었지요.

"나 지금 입은 옷 2주째 똑같은 코디야. 그런데 아무도 몰라. 2주 동안 매일 외출한 것도 아니고, 매번 다른 사람들을 만나니까."

본의 아니게 개그가 된 나의 이야기에 우리는 웃음이 터지고 말았습니다. 이와 동시에 마음 한구석이 조금 슬펐습니다.

결혼 전, 그리고 엄마가 되기 전까지, 옷을 쇼핑하는 일은 생필품을 구매하듯 꼭 해야 하는 필수 행동 중 하나였습니다. 쇼핑이라는 행위는 스트레스 요인이기도 했지만, 스트레스 해소법이기도 했지요. '이번 주에는 어떤 옷을 입지? 겹치는 옷은 없나?' '이 팔찌는 좋아하지만, 맨날 차면 오해를 받을 수도 있으니 오늘은 허전해도 그냥 가자.' '귀걸이는 무심한 듯 어제와 같은 것으로 해야지.' 결과물이 언제나 거기서 거기여도 하루를 시작하는 머릿속은 몇 번의 시뮬레이션을 거치느라 정신이 없었습니다.

시간이 흘렀습니다. 백화점에 가도 옷걸이에 걸려 있거나 마네킹이 입고 선 옷보다 매대에 쌓인 누운 옷을 더 선호하게 되었습니다. 아, 이제는 백화점의 매대도 안녕입니다. 최저가 온라인 쇼핑몰의 세일 기간을 노려야 하니까요. 예전 옷을 꺼내보았지만, 임신 전에 입었던 옷들을 입자니 아무리 열심히 운동해도 태가 나지 않습니다. 기부할 수밖에 없는 옷들만 옷장에 가득합니다.

'나는 그렇게 되지 말아야지!'라며 다짐했던 전형적인 아줌마의 모습이 되어버렸습니다. 좀 창피합니다.

그런데 억울한 일이 생겼습니다. 2개월간의 출산 휴가를 마치고 업무에 복귀하는 페이스북 CEO 마크 저커버그가 "First day back after paternity leave. What should I wear?(출산 휴가 복귀 첫날. 뭘 입을까?)"라며 페이스북에 공개한 그의 옷장 때문이었지요. 늘 같은 청바지에 같은 티셔츠를 입고 출근은 물론 공식 석상에까지 등장하는 마크 저커버그의 패션은 자주 화제가 되곤 합니다. 그는 매일 같은 옷을 입는 이유에 대해 이렇게 말합니다.

"무엇을 입을 것인지, 아침식사로 무엇을 먹을 것인지 같은 사소한 결정도 피곤하고 에너지를 소모하는 일이 될 수 있다."

시간을 낭비하고 싶지 않다는 말이지요.

마크 저커버그의 매일 반복되는 패션은 시간을 절약하기 위한 경영자다운 모습으로 고개를 끄덕이게 됩니다. 그리고 엄마의 옷은 '아줌마니까 그렇지'라는 어쩔 수 없다는 시선으로 고개를 끄덕이게 되지요. 뭔가를 '크게' 이루었다는 사회적 인정 덕분에 마크 저커버그의 옷은 공식 트레이드 마크가 되었고, 엄마의 옷은 그냥 정신없는 하루를 살면서 '자기관리에 소홀한' 모습의 단면이 되었습니다.

억울했습니다.

효율적인 시간 관리를 위한 마크 저커버그의 단벌 신사 이미지가 사회적인 성공과 함께 인정을 받아서 당당해졌다면, 나도 뭔가 이루었다는 인정을 받아서 당당해지면 될 테지요. 하지만 그게 쉽지 않다는 게 문제입니다.

누군가가 물어봐줬으면 좋겠습니다. 왜 이렇게 옷을 '실용적으로' 입는지에 대해 말입니다. 많은 일들을 어떻게 해서든 척척 해내기 위해서라고, 시간 관리를 위해서라고 당당하게 말할 수 있는 기회가 주어지면 좋겠습니다. '과연 이 모든 일을 다 해낼 수 있을까?'라는 의심을 해보기도 전에 엄마들은 방법을 찾아냈습니다. 오늘의 할 일 중 '오늘 뭘 입을까?' 항목을 지우면서 말이지요. 그렇게나 좋아하던 일이었는데도 말입니다.

이렇게 말하는 사람도 있을 것입니다. '오늘 뭘 입을까?'에 그동안 얼마나 많은 시간을 할애했다는 의미인지 생각해보라고 말입니다. 물론 그럴 수도 있습니다. 하지만 다른 의미로도 생각해보고 싶습니다. 자진해서, 좋아하는 내 시간을 기꺼이 지워냈다는 것이지요.

문득, 누가 시키지도 않은 일을 스스로 '희생'이라 여기며 살고 있다는 생각이 들었습니다. 자발적인 행동이었다면 기꺼이 만족해야 하는데, 사실 그렇지도 않았거든요.

내 시간을 내가 무시하고 하찮게 여기면, 누가 내 시간을 챙겨줄 수 있을까요?

아이에게
자꾸만 미안해졌습니다
반복되는 후회

특정 사람과 함께 머무르는 시간이 길어질수록 문제가 생깁니다. 상대가 쳐다보기도 싫은 직장 동료나 상사여도 그렇고, 사랑하는 가족들이어도 그렇습니다. 잘 모르겠다고요? 그렇다면 언제 끝나게 될지 예상하기도 어려운 코로나 팬데믹을 생각해보세요. 하는 수 없이 온 가족이 함께 집에만 머물면서 서로 얼마나 많은 문제로 부딪히는지 말이에요.

오랜 시간 함께 있는 만큼, 다툼이 생겨도 금방 화해하고 훌훌 털고 일어날 수 있을 거라는 생각이 들 수도 있어요. 그런데 사실 집에서도 사회에서도 서로를 바라보며 금세 미소 짓기란 쉽지 않지요. 왜 그럴까요? 함께하는 시간만큼

이나 당장 처리해야 하는 일도 그만큼 많기 때문인 것 같습니다. 우리는 진도가 나갈 수 있는 일은 우선순위의 상위에 두면서, 눈에 보이지 않는 일, 예를 들어 내 마음이 어떤지를 살펴본다거나 관계를 다시 다지는 일은 훗날로 미루곤 합니다. 그래서 다툼이 생기면 털고 일어날 기회를 엿볼 새도 없이, 앞으로 나아가는 데만 정신이 팔려 새로운 다툼들이 쌓여갈 여지만 만듭니다.

아이에게도 마찬가지였어요.

온종일 아이와 부대끼면서 '내가 과연 좋은 엄마일까?'라는 질문이 하루에도 수백 번 머릿속에서 맴돌았습니다. 아이가 누워만 있을 때는 그나마 수월하게 하루가 지나갔지만, 슬슬 자기 고집이 생기고 동선이 커지자 우리는 부딪히는 일이 늘어났습니다. 제대로 말할 줄도 모르는 어린아이를 두고 화를 낼 수도 없는 노릇이었어요. 그렇게 안에서 점점 쌓여가던 화는 어느 순간 아이의 어설픈 말과 서툰 행동에 폭발하기 시작했습니다.

상황을 논리적으로 되돌아보면, 대개 엄마들이 화를 내는 이유는 정당해요. 아이들은 잘못하지요. 하지만 아이들은 그 행동이 옳은지 그른지를 판단하지 못하는 나이이고,

아직 어른들의 눈치를 파악하지 못하는 어수룩한 시기이며, 경험이 없어요. 혼나는 입장이 될 수밖에요. 그러니 하루를 되돌아보며 아이가 잠든 모습만 봐도 눈물이 또르르 흘러내렸습니다. 침착하게 차근차근 설명해주면 좋았을 것을, 쓸데없이 과하게 혼을 낸 건 아닌지, 이렇게 마음을 제대로 다스릴 줄 모르는 엄마를 만나 고생하는 건 아닌지, 별별 생각이 다 들었지요.

이런 날들이 지속되다 보니 스스로 결론을 내리게 되었습니다. 나는 좋은 엄마가 아니며, 앞으로도 좋은 엄마가 될 자신이 없다고 말이지요.

그런데 '좋은 엄마'를 꿈꾸면서도, 막상 '좋은 엄마'가 어떤 엄마인지 구체적으로 생각해본 적은 없었습니다. 대신 '난 좋은 엄마가 아니야'라는 확신을 주는 일들은 많이 일어났지요. 매일 다양한 식단으로 영양가 있는 요리를 해주는 것도 아니니 요리에도 부족한 엄마이고, 엄마표로 집에서 이것저것 가르쳐줄 수 있는 것도 아니니 교육에 완벽한 엄마도 아닙니다. 보고 들은 것은 많아서 기준은 저 높이 올라가 있는데, 현실은 늘 제자리인 엄마이니 부족하다고 느끼는 건 당연했지요.

정리되지 않은 불안함은 초조함으로 이어졌고, 누군가와 나를 자꾸 비교했고, 풀리지 않는 화는 언제 터질지 모르는 시한폭탄과도 같았습니다. 당연히 주변 사람들에게, 특히 아이에게 화를 내는 일도 더 늘어났고요.

하루 중 작은 일부라도 '힐링'을 할 수 있는 시간이 절실히 필요했습니다. 지치고 불안한 엄마가 되지 않아야 아이를 향한 후회가 반복되지 않을 테니까요.

'지금의 나'는
'되고 싶은 나'를 만날 수 있을까?

열등감

시간 여행을 떠날 수 있다면, 과거와 미래 중 어떤 시간을 선택하고 싶은가요?

과거는 익숙한 곳이기에 '다시' 돌아가는 것일 테고, 미래는 모르는 곳이기에 '탐험'이라는 표현이 어울릴 것입니다. 그런데 시간을 거슬러 이동하는 행동에 왜 굳이 '여행'이라는 단어를 붙일까요? 여행은 언젠가는 지금 있는 곳으로 되돌아오는 것을 전제로 합니다. 여행을 떠난다고 해서 현실과 영원히 이별하는 것도 아닐뿐더러, 우리는 여행을 떠나기 전부터 여행 이후의 계획을 세우곤 하잖아요. 시간 여행 역시 마찬가지일 것입니다. 과거로 가든, 미래로 가든, 다시 현재로 돌아온다는 전제가 있으니까요.

여기서 과거로 돌아가고 싶다는 것은 마음에 들지 않는 현재를 바꾸고 싶은 마음이 크기 때문이 아닐까 싶습니다. 미래로 여행 가고 싶다는 것도, 현재의 내 행동에 자신감을 가져도 될지, 혹은 지금부터 무엇을 준비하면 될지 미리 알고 싶기 때문은 아닐까 싶고요. 둘 다 아쉬움을 최소한으로 줄이고 싶다는 마음에서 나오는 희망사항일 것입니다.

이런 생각을 해봅니다. 시간 여행을 하고 싶은 이유가 한 번뿐인 인생에서 후회를 줄이고자 하는 것이라면, 꼭 과거로 돌아가야만, 혹은 미래를 다녀와야만 가능한 것일까요? 지금은 할 수 없는 걸까요?

지금 이 순간은 현재이기도 하지만, 미래의 내가 다시 돌아가고 싶은 과거의 시간이기도 합니다. 미래의 내가 다시 누리고 싶은 황금기의 과거일 수도 있지만, 바로잡고 싶은 안타까운 행동을 하고 있는 과거의 시간일 수도 있겠지요.

이런 생각을 하자니 갑자기 자신이 없어졌습니다. 지금 살고 있는 삶이, 미래의 내가 바라봤을 때 다시는 쳐다보고 싶지 않은 흑역사로 가득 찬 시간일까 봐요. 미래의 내가 다시 와서 어떻게든 고쳐볼 수 있는 흑역사라면 그나마 다행

일 테지만, 어디서부터 손을 써야 할지 막막한 상태라면요?

사실은 말이지요. 자신감으로 가득 채워진 시간을 보내고 있다면, 과거나 미래가 지금처럼 신경 쓰이진 않을 것입니다. 당당하게 열심히 잘 살고 있다면, 미래는 현재의 보상을 받아 당연히 잘 풀릴 거라 생각하지 않겠어요? 지금이 불안하니 미래가 더 궁금해지고 미래만 상상하고 싶어지는 것입니다. 자꾸 영화 같은 미래만 상상하고 싶고요. 현실과 동떨어진 꿈속에 풍덩 빠지고만 싶습니다.

사실, 미래의 '되고 싶은 나'를 그저 백일몽으로만 남겨두고 싶은지, 아니면 결국은 만나게 될 '하나의 나'로 만들고 싶은지는 바로 '지금의 나'에게 달려 있습니다. 그렇다면 '지금의 나'는 무엇에 기준을 두어야 할까요?

우리가 의식하며 살아야 할 대상은 주변의 다른 사람들이 아닐지도 모릅니다. 뒤에서 우리의 행동을 폄하하고 깎아내리는 사람들은 내년 혹은 10년 뒤에는 기억조차 나지 않을 확률이 높습니다. 그런 그들의 기준에 맞춰 지금을 살아가다가는, '되고 싶은 나'는 결국에는 나 스스로도 기억하지 못하게 되겠지요. 우리가 의식하며 살아야 할 대상은 당장 현실에는 존재하지 않습니다. 의식해야 할 사람은 바로 '미래의 나'이기 때문이지요. 꿈꾸고 있는 내 모습이 있다면, 언제나 그 모습과 지금의 나를 비교하며 살아야 합니다. 미래의 나는 지금의 나를 어떻게 생각하고 있을지 끊임없이 고민해야 합니다.

　　'지금의 내 모습'이 '꿈꾸는 내 모습'과 평생 평행선만 이룬다면, 그 인생은 감히 후회로 가득 찬 인생이라고 평가해도 과하지 않을 것입니다. 적어도 한 번쯤은 지금의 내 모습과 꿈꾸는 내 모습이 만나야 하지 않을까요? 언젠가는 꼭 '되고 싶은 나'를 만나겠다는 마음으로 지금을 보내야 아쉬움이 없을 것 같습니다. 인생의 아쉬움을 줄일 수 있는 방법은 시간 여행뿐이라는 헛된 생각은 이제 그만 잊어야겠지요.

　　그런데요. 내가 꿈꾸는 내 모습과 지금의 내가 영원히 만나지 못할까 봐 두려웠습니다. 내가 꿈꾸는 내 모습이 팝콘과 함께 소비하는 영화 속 주인공처럼 절대 손에 잡히지 않는 존재가 될까 봐 무서웠습니다. 미래의 나를 만날 수 있는 기적 같은 시간이 있다면, 지금의 나를 보고 웃었으면 좋겠는데 말이지요. 미래의 나는 내가 꿈꾸는 모습 그대로였으면 좋겠다고 생각했습니다. 머릿속을 가득 채우고 있는 '절대 그렇게 될 수 없어'라는 생각은 과연 없어질 수 있을까요?

조언하는 사람 vs 간섭하는 사람

불안함

20대의 저는 정말 자기계발서를 매우 좋아했습니다. 책장에는 여행 에세이나 자기계발서가 대부분이었어요. 사회적으로 성공한 여성의 책이라면 전부 읽어보고 싶었습니다. 고민거리를 책으로 해결하고자 하는 마음가짐은 지금도 높이 살 만하다고 생각하지만, 사실은 요행을 바랐기 때문에 늘 자기계발서를 골랐습니다. 고전이나 인문서를 깊이 있게 읽으며 통찰력을 키우기에는 시간이 없다고 생각했거든요.

그런데 사회생활을 하며 조언을 얻기 위해 항상 옆에 놓아두었던 자기계발서는 마음의 위안이 되어주긴 했지만 당시의 문제를 깔끔하게 해결해주지는 못했습니다. 계속

해서 자기계발서가 고팠습니다. 내용마저 비슷비슷하게 여겨질 때까지 자기계발서를 손에서 놓을 수 없었지요. 조언을 구하고 싶었는데, 나에게 맞는 조언을 찾을 수는 없었어요. 뒤늦게 곰곰이 생각해보니, 내 스토리가 아닌 그들의 스토리를 따라가려 했기 때문인 것 같았습니다.

사실 자기계발서를 읽지 않아도 조언은 어디서든 얻을 수 있습니다. 아쉽게도 대개 진짜 조언은 잔소리로 들립니다. '한 귀로 듣고 한 귀로 흘리는' 행동은 어른이 되어서도 하게 되지요. 그런데 조언을 흘려듣지 않고 진심으로 귀 기울여 들었다고 하더라도 늘 우려하던 곤경에 빠지곤 했습니다. '나만의' 스토리 속에 펼쳐지는 '나만의' 시행착오가 반드시 필요하더군요.

또 다른 생명체를 제대로, 그리고 잘 키워내야 한다는 새로운 임무를 맡은 저는 자기계발서를 찾던 시절로 돌아가 있었습니다. 그리고 나도 모르게 그 시절을 똑같이 답습하고 있었어요. 육아서와 육아 관련 콘텐츠들을 찾고 또 찾았지만 내 아이에게 꼭 맞는 해결책은 없었습니다. 아이가 보이는 행동의 원인은 엄마와의 관계에서 나오는 경우가 많고, 아이와 만들어가는 관계는 모두가 다를 수밖에 없지요. 육아 또한 나만의 시행착오가 필요했습니다.

그런데 아이를 대하는 방법에 시행착오가 필요하다는 것은 불안한 일이기도 합니다. 엄마의 선택이 아이를 잘못되게 하지는 않을지 걱정이 이만저만이 아니지요. 이런 엄마의 불안함에 더 큰 불을 붙이는 것이 있으니, 바로 관심으로 포장된 '간섭'이었습니다. "그건 틀렸어." "그렇게 하면 안 돼." "아직도 안 했어?" 이렇게 말하며 엄마의 선택에 간섭하는 사람들 탓에 불안감은 더 커졌지요.

조언을 제대로 받아들이기 위해서는 반드시 나만의 길로 걸어봐야 하고, 간섭을 물리치기 위해서는 조언과 간섭을 구분할 줄 알아야 합니다. 그런데 이 두 가지를 모두 해내기란 벅차기만 해요. 그만한 시간도 주어지지 않는 것 같고, 그만한 지식이나 경험도 없는 것 같고요.

불안을 품은 채 보내는 엄마의 하루가 버겁다고 여겨졌습니다. 어쩌면 '엄마의 소신'이란 것은 허상이 아닐까 싶은 생각도 들기 시작했습니다.

나의 꿈을
아이에게 미루고 있었습니다

꿈의 상실

저마다의 개성을 지닌 독립서점이 늘어나고 있습니다. '세상에, 이런 책이 있다니!' 감탄사를 연발하며 책장을 넘기는 즐거움이 사소해 보여도 여운은 오래 남곤 했습니다. 집에서 가까운 곳에 독립서점이 생긴다는 소식을 들었을 때는 어찌나 반갑던지요.

퇴근길에 대형 서점에 들러 책을 구경하면서 느꼈던 잔잔하면서도 평온한 기분은 지금도 그리운 추억입니다. 끝도 없이 펼쳐진 책들 속에 파묻혀 고상한 지식인이라도 된 듯한 기분이었지요. 하지만 부끄러운 고백을 할까 합니다. 당시에는 소위 '티 내기 위한 독서'를 했다고 말입니다.

대형 서점을 방문하면 베스트셀러, 스테디셀러 혹은 광고 등으로 이미 큐레이션 된 책들이 눈길을 사로잡지요. 제목만 보이는 책들이 비좁게 꽂혀 있는 책장을 쳐다보기보다는 표지가 한눈에 보이도록 잘 배치된 책들을 오래도록 쳐다보았습니다. 어느 누구와 이야기하더라도 알 수 있을 법한 베스트셀러 정도는 읽어줘야 책을 읽었다는 '티'를 낼 수 있을 것 같았습니다. 독서 시간이 충분치 않은 직장인의 입장에서 책을 선택하고 읽는 것도 그렇게 실용적으로 해야 한다고 생각했지요. 독서라는 행위에 효율성을 따지고 타인의 시선을 의식해야 한다는 것이 조금은 씁쓸하지만 말입니다.

반면, 독립서점에서는 내 의지에 따라 책을 선택할 수 있는 환경이 주어졌습니다. 마치 옆 사람과의 공통 관심사를 만들기 위해 의무감으로 드라마를 시청하듯, 무언가를 의식하며 베스트셀러를 선택할 필요가 없었습니다. 생각지도 못했던 다양한 주제의 책들이 즐비했기 때문입니다. 비록 입점에는 실패했지만 독립서점 입고를 목표로 책을 만들어본 경험도 있었기에, 책을 만든 작가의 노고도 느끼며 책을 읽을 수 있었지요.

한번은 강남 한복판에 위치한 복층의 넓은 북카페를

방문했습니다. 독립서점의 이미지라기보다는 대형 서점을 압축해놓은 듯한 느낌이었지만, 책을 읽을 수 있는 색다른 공간임에는 틀림없었습니다.

커피 한 잔을 받아 들고 책들을 훑어보았습니다. 서점을 방문한 이유는 나 자신을 위한 책을 선택하기 위해서였지만, 꾹 눌러두었던 엄마 마인드가 금세 튀어나왔습니다. 아이에게 들려주면 좋을 이야기, 그리고 보여주면 좋을 모습들이 담긴 책을 탐색하기 시작한 것이지요. 그러자 한창 젊었을 때 읽었던 부류의 책들이 눈에 들어왔습니다. 딸들아 이렇게 살아라, 나는 못 했던 것 너는 이루어라, 네가 얼마나 소중한 존재인지 깨달으며 살아라 등등 '딸에게 해주고 싶은 말'이라는 주제를 다루는 책들 말입니다.

과거를 돌이켜보면 말이지요, 사실 그렇습니다. 10대 시절에는 내 꿈이 무엇인지 알 기회가 별로 없었습니다. 적성을 찾기보다는 대학 진학만이 목표였지요. 20대가 되고 사회에 나오게 된 후에야 '딸들을 위한 책들'을 일부러 찾고 마음에 새겼습니다. 곧 자아를 찾으려 노력하고 온전히 내가 누구인지를 생각하며 이런 책을 접했던 시기는 10년 정도밖에 되지 않는다는 결론이 났습니다.

내 인생에서, 내가 주체적으로 살아보려고 애썼던 시기가 고작 10년 정도라니요. 그리고 엄마가 된 후에는 내가 주체적으로 살아갈 시간을 빼앗기거나 잊은 것처럼 행동하고 있었습니다. 살아온 날보다는 앞으로 살아갈 날이 훨씬 많겠지요. 그런데 나는 이제 더 이상 할 수 없다는 신세 한탄을 하며, '대신 너는 이루며 살아야 한다'는 훈계를 준비하고 있었던 것입니다.

비슷한 관심사를 갖고 있던 집단에서 벗어나 있기 때문이라는 생각이 들기도 했어요. 이런저런 시행착오를 거치며 고군분투하는 일상이었지만, 단기간의 목표와 장기간의 목표를 갖고 성장해가고 싶은 모습을 고민하던 시기가 분명 있었지요. 꿈을 나눌 수 있는 사람들을 일부러 찾아다니며 만나기도 했고, 비슷한 사람들이 주변에 모여 있기도 했어요. 하지만 그런 상황들을 뒤로한 채 머물고 있는 지금은, 어쩌면 더 이상 주체적으로 살아갈 수 없다고 나도 모르게 결론짓고 있는 것 같았습니다. 보고 듣고 느낄 수 있는 외부 요인들이 사라졌으니까요.

기억나나요? 나도 누군가의 사랑스럽고 이 세상에 둘도 없는 소중한 딸이었다는 것을요. 내 아이가 소중한 만큼 나도 그랬습니다. 아이가 컸다고 해서 그 소중함이 줄어드는 것은 결코 아닙니다. 내 아이에게 큰 사랑을 듬뿍 주는 만큼, 나도 큰 사랑을 듬뿍 받으며 살아왔어요. 이 사실 같지 않은 사실이 새삼스럽고 당황스럽게 느껴지는 이유는 뭘까요?

아이에게 해주고 싶은 말은 누군가의 딸인 내가 들었던 말이기도 할 것입니다. 그 말을 듣고 당시에는 가슴이 벅차기도 했고, 답을 몰라 방황하기도 했을 테지요. 어른이 되면 그 꿈은 이루어질 거라는 희망도 품었습니다. 그런데 어른이 되니 그 '희망'은 '철든다'라는 표현으로 대체되었습니다. 그 희망은 내 것이 아니라고 단정 지었지요. 그리고 그 희망을 아이에게 미루고 있는 건 아닌가 싶었습니다. 많은 부모들이 어린 시절부터 아이를 사교육으로 몰아세우는 이유 중 하나도 자신의 꿈을 미루기 때문인 것 같기도 해요.

남들 다 그렇게 산다고요? 하루하루 보내기도 벅차다고요? 맞아요. 엄마의 역할은 정말 어렵습니다. 그런데 나만 다른 행동을 하면 이상할 것 같아서 두려운 건가요? 책도 베스트셀러 말고 당당하게 개성에 따라, 취향에 따라 선택하는 세상입니다. 조용히, 그리고 묵묵히 나를 드러내는 것이 감사하게도 하나의 트렌드가 되어가고 있잖아요.

내 꿈은 내가 이뤄야 할 꿈이지, 누군가가 대신 이룰 수 있는 것이 아닙니다. 또 꿈을 이루기 위해 노력하는 것은 매우 당연한 것입니다. 엄마라고 다를까요?

지금 내가 가장 힘들다고 생각하는 것들을 적어보세요.

Chapter 2

그동안
듣고 싶었던 말

사실 힘들었던 엄마는 이런 말이 듣고 싶었습니다

칭찬은
엄마도 춤추게 합니다

    엄마가 되기 전까지는 엄마가 이렇게 위대한 존재인 줄 몰랐습니다. 집에서 함께 부딪히는 시간이 많으면 많을수록 엄마에 대한 불만은 커져만 갔거든요. 게다가 가까이 지내는 사이일수록 상대방의 존재 자체를 당연하게 여기곤 하잖아요.

    그런데 엄마가 되어보니 세상이 엄마에게 원하는 기대치가 매우 높았습니다. 못 하는 것이 있어서는 안 될 것만 같은 존재가 바로 엄마였지요. 분명히 어디선가, 아이 한 명을 키우기 위해서는 온 마을이 필요하다는 식의 이야기를 들은 적이 있었어요. 많은 사람들의 도움과 손길이 필요하다고 알고 있었어요. 그런데 아이를 키우는 일은 지금까지 알던 것과는 상황이 많이 달랐습니다. 오롯이 엄마 '혼자서' 감당해야만 하는 것 같았어요.

아이가 잘 먹지 않으면 엄마 탓이었습니다. 집에서 먹는 유아식을 식당에서 팔아도 손색이 없을 만큼 정갈하고 정성스럽게 차려주는 엄마들이 SNS상에 넘쳐나니까요. 아이가 키가 작아도 엄마 탓이었습니다. 엄마가 병원에도 데려가고 영양제도 먹이고 식단도 잘 챙겨야 하는데, 그렇지 못했으니까요. 편식을 하면 요리를 못하는 엄마 탓이었고, 친구들과 잘 어울리지 못하면 엄마가 제대로 놀아주지 못한 탓이었으며, 공부를 잘하지 못하면 집에서 효율적으로 공부를 시키지 못한 엄마 탓, 학원 정보가 없는 엄마 탓이 되었습니다. 그런데 아이가 잘 따라오고 스스로 잘하면, 그것은 아이가 잘한 덕분이었지요.

매일매일 분주하게 움직여도 큰 티가 나지 않는 집안일과도 같았습니다. 부지런히 아등바등 시간을 보내고 있었지만, 그 움직임을 봐주는 사람은 없었어요. 무엇을 바라고 엄마의 역할을 하는 건 아니지만, 그래도 속상한 마음은 어쩔 수 없었습니다. 감당해야 하는 짐은 너무 무거운데, 도움을 청할 곳 하나 없는 듯한 외로움도 견디기 힘들었지요. 힘들다고 느끼는 것을 남들은 당연하게 여기니 자꾸 능력 없는 엄마라고 자책하게 되었습니다.

그런데 당연해 보이는 주변의 모든 환경은 누군가의 노력과 시간이 있기에 누릴 수 있는 것입니다. 사실 당연한 것은 없습니다. 저절로 이루어지는 것은 없거든요. 묵묵히 소리 없이 맡은 역할을 해내는 사람들이 있기 때문에 평범한 일상이 끊어지지 않고 이어질 수 있는 것입니다. 네, 맞아요. 일상도 끊길 수 있어요. 처음 겪어보는 코로나 팬데믹 시대를 경험하면서 일상의 감사함을 느끼고 있잖아요.

당연하게만 생각되는 엄마의 역할에도 언젠가는 '멈춤'이 아닌 '끊김'이 생길 수 있습니다. '멈춤'은 다시 시작될 수 있는 '쉼'의 의미지만, '끊김'은 그 이후에 낭떠러지 같은 단절이 있지요. 다시는 돌아올 수 없는 상황이 발생할 수도 있습니다.

그런 엄마에게 "고마워", "수고했어", "덕분에" 같은 짧지만 따뜻하게 건네는 말 한마디는 역할을 기꺼이 이어갈 수 있게 하는 힘을 줍니다. 대가를 바라고 하는 일이 아니어도 칭찬은 그 누구도 춤추게 하니까요.

자신감을 갖고 즐겁게 움직이는 엄마가 되기를 꿈꿨습니다. 그래서 사소한 것이라도 칭찬으로 용기와 자신감을 얻고 싶어졌어요.

도망가지 말고 여기 앉아봐

'내가 지금 잘하고 있는 걸까?'

이 물음은 가끔 부담감으로 다가와 어깨를 짓누릅니다.

사람과의 관계나 학업, 일 등에 대한 문제에 있어서는 해결해보고자 하는 의지와 자신감을 스스로 통제할 수 있습니다. 내가 해결해야 하는 내 일이니까요. 그런데 아이에 대한 문제는 달랐습니다. 자신감보다는 불안함이 좀 더 큰 것도 사실이었습니다. 내가 아닌 다른 존재이기에 제대로 이해하는 것에 한계가 있기도 했고, 정말 사랑하고 잘해주고 싶은 만큼 나의 부족함이 너무 커 보여 불안하기도 했어요.

불안함이 커지면 커질수록 마음이 편할 날은 없었습

니다. 그렇다고 선뜻 이 불안함을 해결해볼 엄두도 나지 않았습니다. 어렵다고 느끼는 그 상황을 마주하기조차 두려웠습니다. 흘러가는 대로 그냥 가만히만 있으면, 해결이 되지는 않더라도 저절로 지나갈 것 같았거든요.

문제를 해결하는 일, 특히 사람과의 관계에서 발생하는 문제를 해결하는 일은 매우 어렵습니다. 가족같이 가까운 사이에서 커뮤니케이션에 오류가 발생하면 오히려 화해하기가 더 어려워요. 낯간지럽고 어색하다고 여기기도 하고, 가까운 사이인 만큼 다 이야기하지 않아도 상대방이 이해할 거라는 오해를 하기도 하지요. 그렇게 상황을 인위적으로 종료하고, 덮어버리고, 어색하게 관계를 이어갑니다. 진짜 중요한 문제는 마주하지 않고 도망갔다가, 시간이 약이라는 믿음으로 괜찮아졌다고 착각하는 것과 비슷해요.

아이를 키우면서 느끼는 막연하고 모호하기만 한 감정은 늘 불편하게 마음 한구석에 자리 잡고 있습니다. 털어내고 싶어도 어디서부터 손을 봐야 할지 모르겠고, 어느 정도 체념하다 보면 엄마니까 당연히 지고 가야 하는 의무처럼 여겨지기도 하지요.

그런데 언제까지고 감내하기만 하며 살기에는 생각

보다 내 마음이 크지 않다는 것을 알 수 있었습니다. 비워내기도 해야 새로운 감정을 채울 수 있는데, 불편한 감정은 쌓이기만 할 테니까요. 일부라도 조금씩 털어내야만 했습니다.

이번만큼은 도망가면 안 될 것 같았어요. 시간이 마냥 약이 될 수도 없는 노릇이었지요. 그래서 누군가는 이런 나를 붙잡고 이렇게 말해줬으면 좋겠다는 생각을 해봤습니다.

"도망가지 말고, 여기 가만히 앉아봐. 그리고 무엇이 불안한지 생각해봐."

집에서 혼자 공부를 하면 자꾸 미루게 되지만, 돈을 지불하고 학원에 다니면 꾸역꾸역 어떻게든 하게 되지요. 마찬가지로 누군가가 이 한마디로 나를 떠민다면 못 이기는 척 생각해볼 수 있을 것 같았거든요.

밖에서 들리는 소리에는 민감하게 반응하고 받아들이면서 내 마음의 소리는 듣지 않으니 불안해지고 있었습니다. 마주하지 않으면 내 안에서 정리할 기회를 만들 수 없으니까요.

계속 도망가기만 한다면, 내일도 오늘과 같은 후회를 반복할 테지요.

✦

누군가가
나에게 물어봐줬으면

아이의 마음을 달래주기 위한 방법으로 '공감'을 많이
말합니다. 이런 식이지요. "우리 ○○가 친구 때문에 속상했
구나. 갖고 놀고 싶은 장난감을 친구가 가져가버렸으니 말이
야, 그렇지?" 공감의 말은 몇 마디 안 되는 짧은 문장에 불과
하지만, 마음이 얻게 되는 안정은 깊고 오래 남습니다. 나를
이해해주는 내 편이 있다는 느낌만으로 평안해지고 큰 힘을
얻게 되지요.

그런데 공감의 언어만으로 대화가 끝이 난다면 조금
은 아쉬운 마무리일 것입니다. 그런 감정을 느끼게 된 근본
원인은 찾지 못했잖아요. 비슷한 상황이 또 발생한다면, 속

상한 감정을 느꼈다가 공감을 받고 안심하는 일을 반복하게 될 뿐입니다. 내 편이 있어 안심이라는 이유로 상황을 덮어버리기만 한다면, 공감이라는 좋은 마음 챙김 수단을 제대로 활용하지 못하는 거라고 생각했습니다.

공감을 통해 마음의 상처에 연고를 발랐다면 다음 단계로 넘어갈 힘이 생긴 것입니다. 그렇다면 다음 질문이 꼭 필요합니다.

"왜 그랬을까?"

회피하고 싶은 순간을 다시 맞닥뜨려야만 하는 질문입니다. 이 질문의 답을 찾는 과정은 결코 유쾌한 시간이 아니겠지요. 이제 막 불편한 감정을 정리했는데, 한 번 더 그 상황을 돌이켜보며 상대방의 입장과 나의 잘잘못을 따지려면 용기가 필요합니다. 그 용기를 갖기가 힘들다고요? 생각만큼 그리 어려운 일도 아닙니다. "왜 그랬을까?"는 공감 이후의 질문이잖아요. 그리고 공감을 통해 상처가 아물기 시작했잖아요. 충분히 용기를 낼 수 있는 여건이 조성된 것입니다.

그런데 "왜 그랬을까?"라고 물어봐주는 역할은 아무나 할 수 없습니다. 그렇게 친하지 않은 상대방이 이런 질문을 한다면, 이제 막 눈물을 거두고 있는 입장에서는 야속하게만 느껴질 테니까요. 위로해주는 입장에서도 악역으로 비치는 일을 굳이 나서서 하지 않을 테고요.

그래서 진실된 공감과 함께 "왜 그랬을까?"를 계속 물어주는 이를 주변에 둔 사람이라면, 그 사람을 행운아라고 말하고 싶습니다. 나를 앞으로 나아갈 수 있게 도와주는 사람이니까요. 그런 사람과 함께라면 "왜 그랬을까?"라는 질문의 힘은 빛을 발합니다. 공감을 받은 후이기에, 나에게 잘못이 있었던들 들춰내는 것이 그렇게 창피하지도 않거든요.

힘들고 지쳐 보이는 엄마지만, 그렇다고 위로만 받고 지내는 것도 자존심이 허락하지는 않습니다. 멈추고 싶지 않거든요. 엄마도 성장하는 데 필요한 큰 힘을 얻고 싶습니다.

그래서 누군가가 나에게 물어봐줬으면 좋겠습니다. "왜 그랬을까?"라고 말입니다.

✦ 시키는 엄마 말고,
모범이 되는 엄마

뱃속에 아이를 품고 다니며 꿈꿨던 엄마의 모습이 있었습니다. 그때는 드라마에서나 그려지는 '우아한 엄마'가 될 수 있을 것만 같았어요. 편안한 의자에 앉아 금 테두리가 둘러진 빈티지 찻잔으로 따뜻한 차를 마시며 미소를 머금으면, 아이가 햇살 아래에서 얌전하게 놀다가 엄마를 쳐다보며 씩 웃는 장면을 떠올려보곤 했지요.

이런 상상은 출산과 동시에 처참하게 깨져버렸습니다. 그럼에도 여러 매체를 통해 견고하게 다져진 상상 속 엄마의 모습을 여전히 품고 있기는 합니다. 영화나 소설 속에서 묘사되는 상황은 절대 현실과 같으면 안 됩니다. 현실에서 누리지 못하는 것을 대리 만족할 수 있는 기회를 빼앗는 거잖아요. 시기를 확정 지을 수는 없다 하더라도 '언젠가는' 저런 '판타지'가 이루어질지도 모른다는 생각마저 하지 못한다면 더 우울해질지도 몰라요.

현실의 엄마는 주로 시키는 엄마입니다. 그것도 열심히 시킵니다. 정리나 옷 갈아입기, 씻기 등의 기본적인 사항들은 물론이고, 학습지도 피아노도 운동도 열심히 시킵니다. 시킨다고 엄마가 가만히 있는 것도 아닙니다. 정보를 얻기 위해 여기저기 알아봐야 하고, 학원으로 데려다주고 데리러 가기도 합니다. 아이가 계획대로 제대로 따라오지 못하면 때로는 악역을 맡기도 해야 해요.

배우는 입장에서는 성장할 수 있도록 영감을 주는 사람이 필요합니다. 배움에는 지식 습득만 포함되는 것은 아니에요. 습관이나 태도 등 삶의 방식도 배워야 하는 요소에 포함되겠지요. 그런 의미에서 부모와 자식의 관계를, 상사와 부하직원의 관계 혹은 스승과 제자의 관계와 비교해볼 수도 있을 것 같습니다. 롤모델이 될 수 있는 상사와 일하고, 존경할 수 있는 스승과 함께라면 습득도 빠르겠지요. 마찬가지로 아이의 곁에도 롤모델이 되어주면서 존경할 수 있는, 그래서 따라 하고 싶은 부모가 있으면 좋겠다는 생각을 했습니다.

그런데 엄마에게는 좋은 롤모델로 다가가기 힘든 아주 중요한 요소가 있습니다. 엄마의 입장에서 과거를 돌이켜 볼 때 정말 듣기 싫었던 소리가 있지요. 시키는 소리, 즉 잔소리입니다. 잔소리는 세대를 막론하고 엄마들이 어쩔 수 없이 선택할 수밖에 없는 '최후'의 수단인가 봅니다. 생각보다 '최후'의 순간이 빨리 온다는 것이 맹점이긴 하지만 말이지요.

이것저것 시키는 말을 늘어놓으며 '다 너를 위해서 하는 말이야'라고 치부하기에는 사실 스스로에게 창피한 면도 있었습니다. 잔소리를 듣던 엄마에게 느꼈던 감정을 아이도 똑같이 느낄 거라고 생각하면 기분이 좋지도 않았고요.

그런데 엄마가 되어 생각지도 못하게 얻게 된 경험이 있었습니다. 하루는 아이가 짜증을 내며 매우 속상해했습니다. 하고 싶은 행동에 제재를 가했기 때문에 마음이 답답했나 봅니다. 그 순간 아이가 어떤 마음일지 너무나도 잘 알 것 같았습니다. 같은 상황에 있었던 나의 어린 시절이 떠올랐기 때문이지요. 잘잘못을 따지기에 앞서 억울하게만 느껴졌던 그 심정이 너무나도 이해가 되었습니다. 그래서 그 시절 내가 듣고 싶었던 말을 아이에게 해주었습니다.

"잘못한 건 알겠는데, 기분 나쁘지? (끄덕) 짜증나지? (끄덕) 잘못을 해도 혼나면 기분이 나쁘더라. 엄마도 그랬어. 당연한 것 같아. 어쨌든 혼나면 너 혼자서 생각을 정리할 시간도 필요할 거야. 유치원 가는 준비로 바쁜 아침 시간만 제외하고, 기분 나빠서 네 방 문 뒤에 들어가 있으면 엄마는 아무 말 안 하고 너 나올 때까지 기다릴게."

공감을 얻은 아이는 짜증을 멈췄습니다. 아이는 엄마가 헷갈릴 수도 있으니, 숨바꼭질할 때는 문 뒤에 숨지 않겠다고도 말해주었지요. 그리고 어린 시절의 나도 공감을 얻고 마음이 평온해졌습니다. 아이를 키우면서 아이를 대하는 태도에 따라 어린 내가 치유되는 느낌이었지요.

그래서 종종 어린 시절을 떠올려봅니다. 물론 생생하게 기억이 날 리 없습니다. 어제 일도 큰 이슈만 기억을 하는데 수십 년 전 일이 제대로 기억날 리가 없지요. 하지만 나의 어린 시절을 느껴보는 것은 아이의 마음을 보듬는 방법 중 하나라는 것을 알게 되었기에 노력합니다.

이것은 시키는 엄마를 그만하기로 한 이유가 되기도 했습니다. 더 이상 악역을 맡기도 싫었고, 무서운 엄마가 되기도 싫었으니까요. 그래서 아이에게 시키기 전에 나 스스로

가 잘하는 엄마가 되기로 했습니다.

　　부모가 책을 많이 읽으면 아이도 책을 많이 읽는다고 하지요. 아이의 재능은 부모를 따라가는 경우도 많고요. 곧 부모가 아이라는 생각이 들었습니다. 그래서 아이가 따라 하고 싶은 엄마, 모범이 되는 엄마라는 말을 듣고 싶었습니다.

　　"엄마가 먼저 행복하면, 아이도 행복해."

　　"엄마가 잘되면, 아이도 보고 배우지."

　　이렇게 엄마가 스스로에게 잘하는 것, 그리고 엄마가 자기 자신으로 살아가는 것이 먼저라는 말을 듣는다면, 더 힘이 날 것 같았습니다.

지금 그대로의 모습이 예뻐

　　일과 가정 모두 제대로 해내지 못하고 있다며 자책하는 엄마들이 많습니다. 일이 제대로 풀리지 않으면 가정 때문에 제대로 집중하지 못해서 그런 것 같아 속상하고, 아이가 아프거나 해결해야 할 집안일이 생기면 일 때문에 문제가 생긴 것 같아 죄책감이 듭니다. 직장을 다니지 않는 엄마들도 마찬가지입니다. 아이가 다치거나 기대만큼 학업 성취도가 나오지 않으면, 하루 종일 아이 옆에 있으면서도 제대로 챙겨주지 못한 것 마냥 미안한 마음이 들지요.

　　회사 일로 가슴앓이를 하던 워킹맘 선배가 있었습니다. 이른 출근과 늦은 퇴근에 늘 아이들에게 미안한 마음을 갖고 회사 생활을 하던 선배에게 억울하다고 생각되는 상황이 발생했지요. 큰일을 감당해야 하는 환경과 마주하게 되면 누구나 당황스러울 것입니다. 누군가는 그 상황을 회피하고 싶어 하고, 누군가는 잔잔한 흐름 속에서 반격의 기회를 엿보기도 하고, 누군가는 싸워서 이겨내지요. 일반적인 인식으로는 '회피'라는 단어보다 '싸워서 이겨내는 것'에 더 높은 점수를 줍니다. 선배는 '당연히' 싸워서 이겨내는 것을 '택해야 한다'고 여겼습니다. 그것이 아이들에게 보이는 멋지고 당찬 엄마의 모습이라고 생각하고 있었습니다. 싸워야 하는 입장이 될 경우 겪게 될 불편함을 미리 걱정하고 스트레스를 받고 있었지만, 힘들어도 그것이 아이들을 위한 것이라고 믿고 있었지요.

선배의 이야기를 들으면서, 왜 우리는 모든 것을 잘해내야만 한다고 믿는 건지 궁금하지 않을 수 없었습니다. 왜 스스로에게 이렇게 무거운 짐을 얹어놓는 걸까요? 아이를 위해 모범이 되어야 한다는 게 그 이유라지만, 그것이 진정 아이가 바라보는 멋진 엄마의 모습인지도 의문이었습니다. 아이가 원하는 엄마의 모습이 모든 것을 잘해내는 강철 같은 모습일지, 아니면 행복한 모습일지 알 수 없었습니다.

선배에게 말했습니다. 내려놔도 된다고요. 모범이 되어야 한다는 것을 우선순위에 두지 말고, 언니의 마음이 편한 쪽으로 가는 것을 우선순위에 두어도 된다고요. 한 걸음 쉬어가도 된다고요. 그것은 포기도 아니고 나쁜 것도 아니라고요. 괜찮다고요.

있는 그대로의 내 모습을 인정해주는 사람에게 끌리는 건 인지상정입니다. 그런 사람과 연애를 했고, 결혼을 했고, 가정을 꾸렸지요. 연애를 할 때 혹은 누군가와 좋은 감정을 유지하고 있을 때, 가장 끌리는 말은 아마도 "지금 그대로의 모습이 예뻐" 같은 말들이 아니었을까요?

지금도 그런 말을 듣는다면 입가에 퍼지는 미소를 숨길 수 없을 것입니다. 도대체 연애 세포가 존재하기는 했던 것인지 의심이 드는 지금도, 우리는 "지금 그대로의 모습이 예뻐"라는 말에 감동받을 준비가 되어 있습니다. 아니, 절실합니다. 아이의 교육을 위해, 가정을 위해 엄마가 바뀌어야 한다는 분위기가 가끔은 버겁거든요. 주어진 환경이 바뀐 만큼 개인 역시 바뀌어야 하는 것은 맞지만, 누구나 힘들고 바쁜 일상 속에서 힐링을 구하듯, 엄마 역시 이런 말을 듣고 싶습니다.

억지로 자신을 바꾸려고 너무 애쓰지 마세요. 변화는 필요하지만, 모든 분야에서 본보기가 되어야 할 필요는 없습니다. 그럴 수도 없고요. 게다가 아이를 위해 바꿔야 한다고 생각했던 엄마의 모습이, 사실은 아이가 원하는 엄마의 모습이 아닐 수도 있어요. 그저 엄마가 웃으면서 지내고, 자신을 향해 웃어주기만을 바랄 수도 있어요.

듣고 싶었던 말, 제가 대신 해드릴게요.

지금 그대로의 모습이 예뻐요.

그래서 육아 일기 말고
엄마 일기

나는 이렇게 힘든데, 그래서 힘이 되는 말을 듣고 싶은데, 내가 원하는 타이밍에 내가 원하는 말을 해주는 사람은 없습니다. 그리고 온종일 힘들다며 투정을 부리기에는 이미 다 큰 어른이 되었지요. 방법이 없다며 불만만 가득하던 어느 날, '내가 듣고 싶은 말, 차라리 내가 해주자'라는 심정으로 펜을 들었습니다. 일기를 써보기로 한 것입니다.

일기를 쓴다고 했을 때, 대부분 이렇게 말했습니다.

"육아 일기 쓰는구나."

"정말 육아에 지극정성이구나."

"나중에 아이한테 보여주려고?"

엄마가 쓰는 일기는 모두 육아 일기라고 생각하는 모양입니다. 사진도 붙이고 알록달록한 글씨로 꾸며진 그런 일기 말입니다. 부지런히 육아 일기를 쓰는 엄마들을 보며 부러워한 적은 있지만, 아쉽게도 육아 일기를 써본 적은 한 번도 없습니다. 아이가 얼마나 멋지게 성장하고 있는지는 머릿속으로만 기억하기 힘들지요. 사진으로 남기든, 글로 적든, 어떻게든 기록해두어야 오랜 시간이 흘러도 기억할 수 있을 테니, 육아 일기도 꼭 필요할 것 같기는 합니다.

그런데 육아 일기는 선뜻 내키지 않았습니다. 일상생활 속 모든 행동이 이미 육아의 기록이라고 생각했거든요. 수시로 스마트폰을 들이밀어 사진을 찍고, 아이의 재치 넘치는 표현들을 채팅 창에 혹은 SNS에 남겼습니다. 내가 들여다봐야 하는 시간이 모두 아이를 향해 있었어요. 그런데 혼자 조용히 앉아 펜을 드는 시간마저 육아의 시간으로 할당하기에는 아이를 사랑하는 마음과는 별개로 뭔가 아쉬웠습니다.

오랜만에 거울을 제대로 들여다본다거나, 오래전 야심차게 마련했던 옷을 다시 꺼내본다거나, 이제는 플랫슈즈나 운동화만 남은 신발장을 열어볼 때면 종종 당황스러웠습니다. 거울 속의 내 얼굴은 나도 모르는 사이에 주름이 깊게 자리 잡았습니다. 미리 알았더라면 아이크림을 덕지덕지 발랐을 텐데, 이제야 열심히 화장품에 손을 댄들 현상 유지만 겨우 될 것 같았습니다. 과거의 어느 시점에는 분명 내 옷이었는데, 지금은 왜 그 옷이 내 옷장에 있는지 모르겠더라고요. 입으면서 자괴감을 느끼게 하는 옷은 이만 기부하렵니다. 하이힐을 신고 뛰어다니던 때가 있었지만, 격식을 차려야 할 모임에 신고 나갈 마땅한 구두가 없다는 사실을 현관 앞에 서고서야 발견하게 되었어요.

이런 당황스러움은 내 상황에 대해 가끔, 아주 가끔 생각해보기 때문인 것 같았습니다. 아이의 마음은 매일 보듬어주면서 내 마음을 토닥토닥해준 적은 언제인지 가물가물했습니다. 거울이나 옷이나 신발장 앞에서 뒤통수를 맞은 당황스러움은 더 이상 느끼고 싶지 않았습니다.

그래서 육아 일기 대신 나의 일기를 쓰기로 했습니다. 매일 나를 쳐다보고 싶었습니다. 결론을 내야 하는 것도 아니고 해결책이 필요한 것도 아닌, 그저 하루를 돌아보는 일기 말입니다. 하루에 내가 어떤 식사를 하는지 생각해본 적 있나요? 일기를 쓰면서 하루를 돌아보면, 의외로 하루에 세 끼 모두 차려 먹기 힘들다는 사실을 알게 됩니다. 대개 아이와 함께 먹는 밥은 아이만 제대로 먹이고 나는 간단하게 먹기 일쑤이며, 아이가 없으면 간식으로 때우더군요. 내 식습관이 건강과는 점점 멀어지고 있다는 사실을 예전에는 미처 몰랐습니다.

오늘 하루의 일들을 떠올려보면 감동받았던 일, 언짢았던 일 모두 생각날 것입니다. 그럼 그냥 다 적읍시다. 글로 적어 내려가면 기분이 변화하는 것을 느낄 수 있습니다. 감동받았던 일은 적으면서 한 번 더 감동받을 수 있습니다. 언짢았던 일을 적으면 나를 위로할 수 있습니다.

이렇게 일기를 쓴 지 얼마나 지났을까요. 어느 순간, 오늘을 정리하고 새로운 내일을 설레며 맞이하는 나를 발견했습니다.

나를 쳐다봐야 왜 내가 힘이 드는지, 어떻게 하면 힘든 상황을 좋게 극복할 수 있을지 알 수 있었습니다. 내가 듣고 싶은 이야기를 내가 나에게 해주는 일은 생각보다 큰 힘이 되었습니다.

그래서 엄마가 쓰는 자신의 일기를 '엄마 일기'라고 이름 지어보았습니다. 엄마 자신의 하루를 되찾고자 하는 마음에서 시작한, 엄마인 나를 키워주는 일기니까요. '엄마 일기'와 함께 내 삶의 활기도 시작되었습니다.

남편에게, 친구에게, 아이에게 듣고 싶은 말을 적어보세요.

Chapter 3

좌충우돌,
엄마 일기 시작하기

엄마 일기 쓰기 워밍업

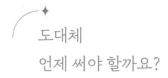

도대체
언제 써야 할까요?

일기를 쓰려면 아침 시간을 이용하라는 조언이 많습니다. 서점에는 미라클 모닝을 찬양하는 책들이 가득하지요. 게다가 아침형 인간은 효율적인 시간 관리로 성공하는 상징적인 캐릭터이기도 합니다. 마침 이른 아침이 비교적 편하기는 했습니다. 밤에는 아이를 재우면서 함께 잠드는 경우가 많았기 때문이지요. 아이와 수면 시간이 동일하다는 점은 내 시간에 대한 미안함으로 다가왔습니다. 내 시간이 없다고 외치면서 자는 시간이 아이와 같다면, 그만큼 내 시간에 대한 욕심이 부족한 거라고 생각되었으니까요. 그렇게 아침 일찍 하루를 시작하는 습관이 생겼습니다.

이른 기상 시간, 그리고 아침에 일기 쓰기라는 습관이 생각보다 오래 지속되면서 역시 엄마가 만들 수 있는 혼자만의 시간은 아침뿐이라는 확신이 들었습니다. 그런데 잠깐 잊고 있던 사실이 있더군요. 엄마의 시계는 아이의 시계와 함께 움직인다는 것 말입니다. 아침 일기가 '영원한' 습관이 될 수 있다는 생각은 오산이었습니다. 평소보다 바깥 활동이 많아진 아이는 때로는 유난히도 일찍 단잠에 빠졌고, 때로는 새벽같이 일어나 순식간에 거실을 어지르기도 했습니다. 아이가 아플 때 함께 앓을 수밖에 없는 엄마는 종종 늦은 아침까지 잠이 필요하기도 합니다. 어느 순간 생활 리듬이 바뀐 아이는 계속해서 일찍 일어나 엄마를 깨웠지요.

오랜만에 품은 다짐이 송두리째 무너지는 것만 같았습니다. 아침마다 일기를 쓰며 나의 하루를 돌아보고 나와 대화할 수 있었는데, 마치 성장의 기회를 빼앗긴 것 같은 상실감이 들기도 했거든요.

그러다 미라클 모닝이라는 것도 결국 고정관념이 아닐까 싶었습니다. 빨리 일어나는 새가 제일 먼저 벌레를 잡아먹지만, 빨리 일어나는 벌레는 일찍 잡아먹힌다는 우스갯소리도 있잖아요. 성공의 방법과 실패의 방법은 모두 상대적이라서 누군가에게 도움이 되는 조언이 다른 사람에게는 독이 될 수도 있습니다. 아이의 시계와 속도에 맞추느라 아침의 기적을 더 이상 누릴 수 없게 되었다면, 나에게 '미라클'로 다가올 수 있는 다른 시간대를 찾으면 그만이었습니다.

미라클은 한낮에도 저녁에도 찾아왔습니다. 내게 필요한 미라클은 바로 '나와 대화할 수 있는 시간, 일기를 쓸 수 있는 시간'이니까요. 몇 번 일기를 쓰다 보면 내가 일기 쓰기에 보통 얼마큼의 시간이 걸리는지 파악할 수 있습니다. 딱 그만큼이면 충분합니다. 몇 시간이나 필요한 일이 아니잖아요. 마음만 먹는다면 일기를 쓰기 위한 시간은 언제든지 만들 수 있습니다. 일기는 '짬'을 내서 쓰는 것입니다. 거창하게 모든 것이 갖춰져야만 써 내려갈 수 있는 일이 아닙니다. 학창 시절, 기억나나요? 소설책도 학교에서 쉬는 시간에 짬을 내어 읽었습니다. 요즘 유행하는 홈트(홈 트레이닝)도 조금씩 짬을 내서 하잖아요. 짬을 낸다는 것은 의지입니다. 의지만 있다면 일기를 쓰기 위한 시간은 언제든 마련할 수 있습니다.

가끔은 식탁에서 아이와 마주 보고 앉아 일기를 쓰기도 합니다. 나와 대화하고 싶은 마음이 들면, 그때가 바로 다이어리를 펼칠 시간이니까요.

일기를 쓰지 않는다는 말은 나를 위로하고 걱정하고 응원할 의지가 없다는 말과 동일하다는 생각이 듭니다. 그리고 시간이 없어서 일기를 쓸 수 없다는 말은 스스로 시간 관리를 제대로 하지 못한다고 말하는 것과 다를 바 없지요.

오늘 아침 일찍 일기를 쓰지 못해 속상하다면, 아쉬움을 느끼는 바로 지금 다이어리를 펼치면 됩니다. 그 시간이 미라클 타임입니다.

Miracle Morning? Miracle Anytime!

필요한 다이어리는
오직 한 권!

엄마 일기를 쓰기 전에도 다이어리는 있었습니다.

한 해를 알록달록 꾸미기 위한 다이어리도 있었고 연간 계획, 월간 계획, 주간 계획을 기록하는 다이어리도 있었습니다. 개인적으로 주 단위로 기록할 수 있는 탁상 달력 형식의 다이어리를 좋아했습니다. 다이어리는 스케줄 관리 대장이었지요.

지인에게 오랜만에 안부 인사를 건네는 일도 오늘의 To Do List에 없으면 며칠이나 미뤄질 정도로 정신이 없는 초보 엄마에게 스케줄 관리 대장은 여전히 필요한 아이템이었습니다. 한동안은 스케줄 다이어리를 열어보는 것조차 번

거롭게 여겨져 포스트잇을 냉장고에 붙이는 것으로 대신하기도 했지요. 하지만 그날의 중요한 일과가 하루씩 버려지는 것 같은 감성적인 마음이 들어 며칠 하고 접었습니다.

그래서 기존에도 갖고 있던 다이어리 습관을 계속 이어가기로 했어요. 며칠 비워지는 페이지들이 아깝기도 했지만 아날로그를 고집하는 습성 때문에 다이어리를 식탁 위에 챙겨두었습니다.

그런데 스케줄 다이어리와는 별개로 일기를 쓰는 다이어리도 함께 챙겨야 했어요. 매일 들춰봐야 하는 다이어리가 두 개나 되는 것이 거추장스럽게 느껴졌습니다. 하루의 일과와 일기를 모두 직접 기록하는 일에는 큰 의미가 있었지만, 한쪽에 쌓아둔 두 권의 다이어리는 점점 애물단지가 되어갔습니다. 스케줄 다이어리에 손이 가지 않는 날이 많아지면, 일기 다이어리 역시 관심을 받지 못하는 날도 늘어났거든요.

다이어리 다이어트가 필요했습니다. 그래서 깨끗하기만 한 탁상 달력이나 벽걸이 달력을 적극 활용하기로 했습니다. 큼지막한 가족 행사 정도만 달력에 표시해두곤 했지만, 사실 식탁에 가장 오래 앉아 있는 사람은 엄마입니다. 식탁의 탁상 달력 하나 정도는 엄마 전용으로 써도 무방했지요.

그래서 스케줄 다이어리는 달력으로 옮기고, 내가 챙겨야 하는 다이어리는 일기 다이어리 한 권만 남기기로 했습니다.

엄마의 관심을 한몸에 받는 일기 다이어리는, 그래서 고르는 데 고민을 많이 하게 됩니다. 한 권의 다이어리는 일 년이 넘어가도록 끝나지 않을 때도 있어서 생각보다 오랜 시간을 같이하는 만큼 표지가 무척이나 중요했거든요. 첫 시작은 윤동주 시인의 《하늘과 바람과 별과 시》라는 책 표지가 그려진 다이어리였어요. 자주 구매하는 온라인 서점에서 판매하는 굿즈였지요.

예전에 익숙했던 다이어리와는 매우 달랐습니다. 그래도 금방 정이 들더군요. 달력도 없고 숫자도 없는 담백한 다이어리였지만, 파란만장한 내 감정을 나누는 만큼 어떤 다이어리보다 알록달록하게 빛나고 있음을 느꼈으니까요.

정성을 담아 대할 수 있는 다이어리 한 권이 있다면, 엄마 일기 쓰기의 절반은 준비가 된 것입니다.

꼭 종이
다이어리여야 하는 이유

　　종이를 만지는 일이 새삼스러운 세상입니다. 집에 있는 프린터도 그 역할을 제대로 수행하지 못하고 먼지만 뽀얗게 쌓여가는 중입니다. 대학 시절까지 차곡차곡 쌓아갔던 다이어리도 더 이상 필요 없다고 생각되기 시작했습니다. 무엇을 배우러 가도 펜을 들고 공책에 기록하는 모습은 보기 어려워졌습니다. 모두가 노트북을 켜고 수업을 듣는 세상이 왔잖아요. 종이를 넘기는 일이 어색해지자 생각지도 못한 부작용이 발생했습니다.

　　원래도 예쁜 글씨와 거리가 멀었지만 더 악필이 되었습니다. 힘들게 암호 코드를 만들 필요 없이, 그냥 제 글씨를 그대로 갖다 써도 괜찮은 수준이 되어버렸거든요. 게다가 펜 잡는 자세도 불편해졌습니다. 힘이 많이 들어가서 조금만 글씨를 써도 팔 전체가 아팠습니다. '손가락만 현란하게 움직이면 맞춤법까지 체크해주는데 왜 힘을 들여가며 글씨를 쓰는 거지?' 하는 사이에 내가 할 수 있는 능력 하나가 쇠퇴해버린 것입니다.

그래서 아주 잠깐, 일기 쓰기도 키보드가 편할 거라고 생각했습니다. 펜을 잡기보다는 자판을 두드리며 쉽게 지우고 저장하는 과정이 한결 편하기도 하니까요. 생각이 떠오를 때마다 스마트폰 메모장에 기록하는 것이 더 효율적으로 보이기도 했습니다. 일기 쓰는 시간을 넉넉히 확보하기 어려운 상황에서는 스마트폰 화면을 여는 것이 훨씬 쉬울 수 있으니까요.

그럼에도 불구하고, 엄마 일기를 남기는 곳은 꼭 종이 다이어리여야만 합니다. 그 이유는 두 가지입니다.

첫째, 멀티태스킹이 불가능한 시간을 만들어줍니다.

시간과 장소를 가리지 않고 편하게 기록할 수 있다는 장점 때문에 그때그때 떠오르는 감정이나 생각을 스마트폰에 적어보겠다고 생각한 적이 있었습니다. 시간이나 장소, 도구 등 접근 장벽이 높다면 일기를 쓰겠다는 열정이 금세 식을 수 있으니까요. 하지만 편리함보다 훨씬 중요한 조건이 있다는 것을 알게 되기까지는 몇 시간도 채 걸리지 않았습니다.

노트북과 스마트폰의 공통점은 간단한 손가락의 움직임으로 관심사를 언제든지 바꿀 수 있다는 것입니다. 메모를 기록하는 중에 오늘 오전에 읽었던 아이의 교육 이슈나 패밀리 세일 같은 정보가 갑자기 떠오르면, 그 자리에서 즉시 앱을 바꿔 검색하는 나 자신을 발견하게 되었습니다. 그러다가 메시지라도 하나 오기 시작하면 또 다른 수다가 시작되었지요. 엄마 일기를 쓰기 위해서는 무엇보다 스마트폰을 시야에서 없애는 일이 가장 급선무였습니다.

엄마 일기를 쓰는 시간은 나를 알아가는 신중하고도 감사한 시간입니다. 24시간 중 엄마 일기에 쓸 수 있는 시간이 오직 10분이라면, 10분 내내 오롯이 일기 쓰기에만 집중해야 합니다. 자꾸만 다른 방해 요소들에 눈길을 빼앗긴다면 나와의 대화 시간은 그대로 끝이 납니다. 정신을 차린 후 시계를 보면 이미 그 10분은 지나간 후일 확률이 높습니다.

종이 다이어리는 짧은 시간에 집중할 수 있도록 도와

줍니다. 이 시간, 나에게 주어진 것이라고는 오직 하얀 바탕과 펜 하나뿐이거든요.

둘째, 없어지지 않습니다.

중요하고 진지한 업무일수록 일이 이루어지는 장소는 안정된 곳이어야 합니다. 생각을 해야 하고 서류를 만드는 것 같은 비중 있는 일을 운전 중 혹은 지하철 안에서 스마트폰으로 후다닥 처리한다는 것은 생각조차 할 수 없는 일이니까요.

그래서 엄마 일기는 집에서 써야 합니다. 아이가 놀고 있는 상황이라 하더라도 마음은 안정적인 상태를 유지할 수 있잖아요. 덕분에 분실의 우려도 없습니다. 밖으로 가지고 나가지 않기 때문에 내가 찢어버리지 않는 이상 내 꿈과 내 이야기는 내가 갖고 있습니다.

잠시 내가 잊고 있더라도 마음을 담아 기록한 그 순간은 빛바랜 글씨가 되어 남아 있습니다. 없어지지 않고 어딘가에 남겨진다는 것은 큰 의미가 있습니다. 언제든 다시 찾아볼 수 있고, 그때의 기분을 다시 느낄 수 있으니까요. 스마트폰도 이처럼 언제든 찾아볼 수 있다고 반격할지 모르겠습니다. 하지만 사진을 생각해보세요. 스마트폰 용량의 대부분을 차지하는 사진들을 얼마나 들춰보는지, 그리고 현상해서 뽑아놓은 앨범은 얼마나 들춰보는지 말입니다.

내가 버리지 않는 이상 종이 다이어리는 내 생각과 꿈을 계속 들춰보게 합니다.

엄마의 책상

　　방에는 항상 장롱, 침대, 그리고 책상이 있었습니다. 분위기를 바꾸고 싶거나 인테리어를 달리한다 해도 장롱, 침대, 그리고 책상은 언제나 필수였습니다.

　　학창 시절, 오랫동안 앉아 있어야 할 곳은 책상이었습니다. 공부벌레가 아닌 이상 책상에서 공부만 한 사람은 없을 것입니다. 대학 입학 준비를 앞둔 시기에는 책상에서 오직 입시만을 생각했지만, 그 외에는 대체로 책상에서 쓸데없는 행동들을 많이 했지요. 그 쓸데없는 행동들은 대부분 공부하는 척하며 숨어서 했던 일들이었습니다. 저만 그런 건 아닐 것 같아요.

형형색색의 펜을 번갈아 잡아가며 긴 편지를 쓰기도 했고, 시험 기간임에도 소설책을 읽곤 했습니다. 소설책은 언제든지 읽을 기회가 많은 편이었는데도 이상하게 유독 시험 기간만 되면 읽고 싶어졌습니다. 무슨 이유에서인지 당시에는 어른들의 잡지라고 여겼던, 현재는 폐간된 영화 잡지를 구입해서 몰래 읽기도 했습니다. 문제집을 펴고 펜은 들었지만, 라디오에만 집중하며 말도 안 되는 상상의 나래를 펼쳐나가기도 했습니다. 가끔은 상상 속에서 헤어 나오기 힘들기도 했습니다. 현실보다는 상상 속에서 펼쳐지는 일들이 훨씬 재미있었으니까요.

울기도 했습니다. 친구와 문제가 생겼을 때 속상한 마음을 달랬던 자리는 다른 곳이 아닌 책상 앞이었습니다. 잠도 잘 잤습니다. 사실 책상에서 엎드려 잠자던 시간의 비중이 상당히 컸던 것 같기도 합니다. 책장을 넘길 때마다 잠의 유혹은 점점 더 집요해졌기에 고개가 꺾이기도 했고, 볼에 찰싹 달라붙은 종이를 떼어내기 민망한 순간도 여러 번이었지요.

책상에서는 이렇게 다양한 작업이 진행되었습니다. 부모님은 오랜 시간 책상 앞에 앉아 있는 모습을 보고 뿌듯해하셨을 테지만, 부모님께 미안한 마음이 들 정도로 공부한 시간은 많지 않았습니다.

공부를 잘하든 못하든 책상은 꼭 있어야 했습니다. 책상은 이렇듯 마치 방 안에 있는 또 다른 작은 방이었지요.

그러던 책상이 사라졌습니다.

책상이 없는 일상에 익숙해졌다고 느낀 것은 언제부터였을까요? 출퇴근하던 시절에는 집에 있던 책상의 존재가 그리 중요하지 않았습니다. 야근하고 회식하고 친구들을 만나느라 집에서 지내는 시간이 그리 많지 않았기 때문에 조용히 책상에 앉아서 딴생각을 하고 있을 틈이 없었습니다. 게다가 집이 아니더라도 직장에서 항상 책상 앞에 앉아 있었으니까요.

시간이 흘러 엄마가 되었고 육아의 책임자가 되면서 머릿속에 중요하게 자리 잡은 단어는 '효율성'이었습니다. 아이를 위해 집 안의 위험 요소들을 제거해야 했고, 마침 미니멀 라이프라는 트렌드와 성향이 맞았지요. 집을 넓게 쓰기 위해 가구들을 대대적으로 정리하면서 많은 것을 없애기로 했습니다. 그리고 버리기로 결심한 첫 번째 가구가 책상이었습니다. 어리석은 선택이었습니다. 칸막이를 치지 않고도 내 공간을 만들 수 있는 가구를 내 손으로 버린 것이었으니까요.

시작은 이랬습니다. 효율성을 따져보았을 때 책상은 다분히 비효율적인 가구라고 생각했습니다. 간이 테이블이나 식탁 등 그 기능을 대체할 만한 다른 가구들이 여럿 있는데, 굳이 작지 않은 자리를 할애하며 갖고 있을 필요가 없다고 확신했습니다. 게다가 어수선해져 있는 책상을 자주 보고 있으면 청소의 압박 또한 큰 스트레스였지요.

홀가분했습니다. 집도 깔끔해졌습니다. 아이가 책상 밑에 들어갔다 나오면서 머리를 다칠 위험도 사라졌지요. 식사 시간 외에는 잘 앉지 않았던 식탁을 자주 사용하게 되자, 비용 대비 효율성을 높인 '올바른' 식탁 사용법을 실천하고 있는 것 같아서 뿌듯했습니다.

하지만 어쨌든 식탁은 책상이 아니었습니다. 다시 말해, 나만의 방도 나만의 공간도 아니었습니다. 책상이 있었다면 올려져 있을 법한 물건들은 항상 옮겨다녀야 했습니다. 일기장도, 스크랩북도, 노트북도 모두 자기만의 자리가 없이 떠돌아다녔습니다. 상황이 이렇다 보니 나만의 공간을 만나기 어려운 날도 자주 생겼습니다. 언제나 듬직하게 서서 기다리고 있는 자리가 아니어서 그런지, 이런저런 핑계로 한쪽에 모아둔 '책상 아이템'을 꺼내와 식탁에 펼쳐놓는 작업이

귀찮을 때도 많았습니다.

　　사실 저만 그런 건 아닐 테지요. 아이의 공부를 위해 책상을 구입하고 남편의 서재를 꾸며준다는 이야기는 많이 들었지만, 엄마 자신을 위한 책상이 있는 경우는 많지 않은 것 같습니다. 이름을 들으면 누구나 고개를 끄덕이며 알 정도로 유명한 워킹맘 혹은 유명인사가 아닌 다음에야 말입니다. 가끔 엄마들의 커뮤니티에서 "저만의 공간이 생겼어요", "작업실을 만들었어요", "베란다에 조그만 책상을 들였어요"라는 글들을 만날 때면 괜히 마음이 짠해지는 이유이기도 합니다.

　　책상 앞에 앉아 있어야 나만의 세계에 빠져드는 환경이 주어지는데, 그 공간이 없기 때문에 더 힘들다고 느껴지는 것 같기도 합니다. 아이를 기관이나 학교에 보내놓고는 막상 무엇을 해야 할지 몰라 방황할 때 찾게 되는 공간도, 아이가 엄마보다 친구들을 더 찾게 될 때의 헛헛함을 이겨낼 수 있는 공간도 모두 책상이 될 수 있지 않을까요?

　　여전히 책상을 그리워하지만 아쉽게도 아직 식탁 신세입니다. 노트북 자판을 두드리는 손 옆에는 책이나 노트가 아닌 티스푼과 영양제들이 있고, 오래 앉아 있기에는 버거울 정도로 의자는 딱딱합니다. 이 글을 다 쓰고 나면, 또 노트북과 마우스와 책들을 높게 쌓아 책장이나 피아노 위에 올려두어야 합니다. 그래도 다행인 점은 하루에 적어도 30분이라도 내 공간 앞에 앉겠다는 목표를 세운 것입니다. 번거롭더라도 이제는 쌓아둔 물건들을 매일 식탁으로 옮겨올 준비가 되어 있습니다.

멋진 책상이 아니더라도 식탁에서 공상하는 시간이든, 꿈을 현실화하는 시간이든 나만의 시간을 갖겠다는 굳은 결심만 하면 됩니다. 식탁도 좋고 소파 옆 작은 테이블도 좋고, 아이가 등원한 후 조용해진 아이 방도 좋습니다. 내 생각을 할 수 있는 그런 공간이면 되니까요. 그리고 언젠가는 다시 내 책상을 가져보겠다는 야무진 꿈도 살포시 품어봅니다.

시간을 되돌려보는 연습

고등학교 시절이었던 것 같습니다. 국어 선생님이 이런 말씀을 하셨지요. 하루의 일과를 '거꾸로' 생각하는 연습을 하면 기억력이 좋아진다고 말입니다.

교복 입은 사춘기 학생들이 그렇듯, 우리는 단번에 "에이, 그런 게 어디 있어요?"라며 투정을 부렸습니다. 선생님은 학교에서 있었던 일부터 거꾸로 기억해보라고 하셨지요. 지금 이 시간 바로 전의 쉬는 시간에 무엇을 했고, 그 전 수업시간에 무엇을 배웠는지, 또 그 전의 쉬는 시간, 그 전의 점심시간에는 무엇을 먹었고 누구와 이야기를 했고 어떻게 시간을 보냈는지 식으로 말입니다. 그런데 막상 실천해보려고 하니

쉽지 않았던 기억이 납니다. 보통 오늘 일과를 떠올려보라고 하면, 아침에 일어나는 시간부터 생각하기 시작합니다. 그리고 아침부터 점심까지의 기억을 밟아가다가 중단되곤 하지요. 그래서 지금의 순간부터 뒤집어서 차근차근 일과를 되짚어가면 쉬울 줄 알았습니다. 그런데 그것도 어렵다니! 당시 쓸데없는 오기가 생겨서 며칠은 아니고, 몇 번 시도해본 적이 있었지요.

이 경험이 떠오른 이유는 기억력을 키우고 싶다는 열망 때문만은 아니었어요. 나의 일상을 돌아보는 것이 그만큼 굉장히 어려운 일이라는 사실을 새삼 깨달았기 때문이지요.

내가 기억하는 하루에 구멍이 생길수록 내 하루의 일부가 지워졌습니다. 내가 기억하지 못하면 아무도 기억해주지 않는 시간인 거지요. 애니메이션 영화 〈인사이드 아웃〉을 아시나요? 주인공 라일리의 머릿속에 살고 있는 기쁨, 슬픔, 버럭, 까칠, 소심이라는 다섯 감정이 라일리의 마음과 행동과 꿈, 기억을 관리합니다. 상대방의 태도에 어떤 반응을 보일지, 주인공이 왜 지금 이런 생각을 하는지, 울적한 라일리의 마음을 달래주기 위해 어떤 꿈을 꾸게 해주면 좋을지 머릿속의 다섯 감정은 매 순간 의견을 주고받으며 바쁘게 지냅니다. 하지만 슬픔이의 슬픈 감정에서 시작된 작은 실수가 견고하게 쌓여 있던 라일리의 기억의 성들을 하나둘씩 무너뜨리지요. 기억이 무너지는 건 순식간이더군요. 기쁨이가 안타까움에 손을 뻗는 그 짧은 시간 동안, 연기만 남긴 채 모조리 사라져버렸으니 말입니다.

오늘의 하루도 '기억'이라는 행동으로 눈길 한 번 더 주지 않는다면, 애니메이션 속 장면처럼 그렇게 허무하게 내려앉을 것만 같았습니다. 엄마 일기를 쓰기 위해 처음으로 하루를 되돌아보고자 했을 때, 실제로 정말 많은 하루가 없어지고 있다는 생각에 슬펐습니다. 기억하고 싶어도 기억나지 않는 시간들이 너무 많았으니까요.

중요하지 않거나 인상적이지 않았던 순간이기에 기억이 나지 않을 수도 있습니다. 지나온 모든 시간이 기억난다면 그것도 평균적인 사람은 아니겠지요. 그런데 하루를 온전히 기억하지는 못해도 내가 무엇을 하면서 하루를 보냈는지 돌아보려는 그 시도만으로 내 하루는 존중받고 있다는 생각이 들었어요. 내 하루를 내가 이렇게 아낀다면 내 일상이 더 소중하게 여겨질 것 같았습니다

일기는 일상을 돌아보지 않으면 쓰기 어렵습니다. 의

식적으로 계속 '오늘 하루'라는 드라마를 거꾸로 돌려보는 연습을 해보세요. 대신 절대 아침 일과부터 시작하지 마세요. 하루의 중간에도 도착하지 못하고 중단될 테니까요. 게다가 아침은 대개 일상적인 습관들이 채워지는 시간이기 때문에 어제와 오늘과 내일의 아침 일과는 큰 차이가 없을 수도 있습니다. 꼭 '이제 시작해볼까?' 하는 순간부터 거꾸로 시간을 돌리세요. 그리고 얼마나 대견하게 하루를 보냈는지 느껴보세요.

하루의 시간을 되돌리는 연습에 익숙해진다면, 좀 더 깊은 생각이 필요한 소재를 찾는다든지 오래 간직하고 싶은 감정을 되찾는 일이 수월해질 것입니다. 덕분에 엄마 일기 쓰는 시간이 기다려질 거예요.

투자하고 싶은
시간을 선택하세요

엄마가 되고 나서 모든 상황이 급격하게 변했습니다. "공부가 가장 쉬웠어요"라는 말을 엄마가 되어서 가장 절실히 공감하게 되었지요. 예측할 수 있는 상황은 하나도 없었습니다. 아이가 언제 잠드는지, 도대체 이 울음은 무엇을 뜻하는 것인지, 어떻게 대응을 해줘야 하는 것인지, 도무지 말이 통하지 않는 작은 생명체를 앞에 두고 어쩔 줄 모르는 나 자신을 보고 있자니 인생에서 지금보다 무기력한 시기가 있었나 싶을 정도였습니다.

불안했습니다. 그렇다고 불안함을 해소해줄 정답도 없었지요. 그래서 비슷한 나이의 엄마들끼리 만나 서로의 아이에 대해 대화하고 자신의 상황을 나누며 '나만 그런 게 아니구나'라는 안도감을 얻게 되었습니다.

그런데 안도감은 문제를 해결해주지 않았습니다. 내일이면 또다시 말이 통하지 않는 아이를 두고 안절부절못하는 초보 엄마의 모습 그대로였지요. 나의 시행착오는 누군가의 참고 사항이 될 수도 있었지만, 맞장구를 치며 웃고 넘어가는 에피소드로 끝나는 적도 많았습니다. 그런데도 그 안도감은 끊을 수 없는 유혹과도 같았어요. 안도의 순간을 느끼기 위해 같은 상황의 지인들을 만나고 이야기를 나누는 시간을 계속 찾게 되었습니다.

안도의 순간은 꼭 오프라인에서 만나 이야기를 나누며 갖게 되는 건 아니었습니다. 온라인상에도 엄마들의 커뮤니티가 여럿 있지요. 아이를 재우고 잠깐 짬이 나서 빠져들다 보면 어느새 수십 분이 흘러가 있기도 했습니다.

그런데 어느 순간 회의가 들었습니다. 엄마가 된 지몇 개월, 몇 년이 지났는데도 같은 행동을 반복하고 있었기 때문입니다. 아이가 신생아였을 때도, 문화센터에 데리고 다녀도 무난할 정도로 자랐을 때도, 어린이집에 보내고 나서도 여전히 안도감을 찾기 위해 같은 행동을 하고 있었어요. 앞서 언급했듯, 안도감은 해결책을 주지 않았습니다. 매일 새롭게 만들어지는 것처럼 보였던 나의 에피소드들은 이제는 더 이상 새삼스럽지도 않았습니다.

아이는 빠르게 성장하고 있었지만 나는 그 자리 그대로였습니다. 아이를 사랑하는 마음과는 별개로, 내 상황에 대한 불만이 조금씩 자라기 시작했어요. 바쁘게 반복되는 일상 속에서 몸은 분주하지만 그다지 생각할 것은 없는 상황이 이어지자, 재빠른 선택이나 날카로운 사고는 하기 힘들어지더군요. 스스로 둔해지는 것을 느끼며, 이렇게 하다가 사회인으로 다시 살아갈 수 있을까 하는 두려움마저 들었습니다.

선택을 해야 할 때가 왔습니다.

반복되는 일상을 나누며 안도감을 찾는 데 시간을 투자할 것인지, 내가 지금 왜 불행하다고 느끼는지 그 이유를 분석하는 데 시간을 투자할 것인지, 아니면 내가 어떻게 앞으로 나아가면 좋을지를 분석하는 데 시간을 투자할 것인지 말입니다.

더 이상 제자리에 앉아 있고 싶지 않았습니다. 이제는 일어나서 걸어가야 한다고 생각했습니다. 아이를 위해 큰 결심도 하나 했습니다. '늘 무엇인가를 하는 엄마'가 되자고 말이지요.

　　그래서 앞으로 나아가기 위한 분석의 시간에 투자하기로 했습니다. 그리고 내 삶에 대한 의지가 불타오르기 시작할 때, 일기장을 펼쳤습니다.

✦

내 마음이 하는 이야기,
들을 준비 되셨나요?

육아를 하다 보면 참고하고 따르게 되는 멘토 같은 분들이 생깁니다. 저에게는 오은영 선생님이 바로 육아 멘토입니다. 선생님이 출연하는 TV 프로그램이나 책도 자주 들여다보려 하지요. 계속 접하다 보면 물론 반복되는 조언들이 등장하기 마련입니다. 그런데도 기꺼이 반복하는 이유는 스스로에게 자주 상기시키는 만큼, 자주 잊기 때문입니다.

오은영 선생님의 책《어떻게 말해줘야 할까》에 다음과 같은 글이 있습니다.

보통 누군가에게 "이렇게 바꿔봅시다!"라고 제안하면 자

신에게 생길 이익을 먼저 떠올립니다. 하지만 부모들은 단지 아이를 사랑하는 마음으로 열심히 노력해요. 그래서 저는 부모만큼 이 세상의 변화를 이끌 수 있는 사람은 없다고 자주 생각합니다.

저는 이 부분을 따로 포스트잇에 적어 냉장고에 붙여 놓았습니다. 그리고 이 글을 자주 들여다보고 반복해서 읽습니다. 세상의 변화를 이끌 수 있는 사람이 부모인 나라니, 이처럼 힘이 되는 말도 없을 테니까요. 한편으로는 아이를 사랑하는 부모의 마음이 얼마나 큰지를 새삼 느끼게 됩니다. 작은 습관 하나에도 변화를 주는 것이 얼마나 어려운지 우리는 잘 알고 있잖아요. 그럼에도 불구하고 아이를 위해 바꾸려고 기꺼이 노력하잖아요.

아이를 위해 부모가 스스로를 바꿔보려는 행동 대부분이 바로 아이를 대하는 '대응 방법'입니다. 아이의 잘못된 행동에 대해 훈육을 하고, 때로는 칭찬을 하고, 재능을 발견해주고, 응원하는 일은 모두 어떻게 효율적으로 아이에게 대응하느냐에 달려 있습니다. 좋은 대응을 위한 전제 조건은 '관찰'입니다. 오은영 선생님도 육아 프로그램에서 아이의 행동을 관찰하신 후 해결 방법을 내놓으시잖아요. 부모의 시선으로 평가한 아이의 모습만으로는 판단하지 않습니다. 직접 아이를 바라보지요.

부모는 아이 문제의 원인이 무엇인지 제대로 파악하기 어려운 경우가 많습니다. 그런데 매일 아이와 함께 있는 부모도 잘 모르는 진짜 원인을, 잠깐 아이의 행동을 본 전문가는 잡아내지요. 어떻게 보면, 이것 참 억울한 일이 아닐 수 없습니다. 하루 종일 같이 있는 부모인데도 내 아이를 잘 알지 못한다니 말이지요. 그런데 아이 입장에서도 마찬가지일 것입니다. 왜 우리 엄마 아빠는 자기 마음을 이렇게도 몰라주는지 말입니다.

이 말은 엄마인 나에게도 똑같이 적용됩니다.

하루 종일 같이 있는 가족은 잘 모릅니다. 가족이 모르는데 가족 밖의 주변인들은 오죽할까요. 왜 가까운 내 사람들이 내 마음을 이렇게 몰라주는지 야속하기만 합니다. 그런데요. 아이 옆에 제일 오래 붙어 있는 나도 아이의 마음을 완벽하게 알아주지 못하면서 누군가가 내 마음을 정확하게 알아주기를 바란다는 것이 얼마나 비현실적인 일인지요.

그렇다면 내 마음은 누가 알아주느냐고요? 힘들고 지

친 마음, 누구와 터놓고 이야기하고 공감을 받을 수 있냐고
요? 이제는 답이 금방 나오실 겁니다. '나'입니다. '나'는 '나'
를 잘 관찰해야 합니다. '나'의 현재에 대한 '대응 방법'도 내
가 정해야 합니다.

처음에는 어려울 것 같다는 생각이 들었습니다. 몇 분
관찰하고 명철한 답을 내놓을 수 있는 전문가가 아니니까
요. 그런데 부모와 전문가의 결과가 다른 이유는 관찰하는
'태도'의 차이에 있다고 생각합니다. 즉 마음먹기에 달린 것
같아요. 직접 방법을 알아내는 데는 실패했다고 해도 방법을
알게 되면 부모들은 아이를 사랑하는 그 마음 하나로 바꾸기
위해 열심히 노력하잖아요. '나'는 '나'를 사랑하는 그 마음 하
나로 스스로를 관찰해보는 습관을 만들기 위해 열심히 노력
하면 됩니다.

'나'는 '나'를 어떻게 관찰할 수 있을까요? 내가 풀어내
는 이야기를 잘 들을 수 있다면 나를 관찰할 수 있습니다. 오
늘 하루의 이야기, 오늘 속상했던 이야기, 인정받고 싶었던 이
야기를 잘 들어보세요. 내 감정이 어떤지, 내가 어떻게 행동
하는지는 내 이야기를 잘 듣지 않고서는 제대로 알 수 없잖
아요.

이제 나 자신의 이야기를 들을 준비가 되셨나요? 그렇다면 엄마 일기를 쓸 준비도 되신 겁니다.

글의 힘을 믿습니다

엄마 일기에 소요되는 시간은 개인에 따라 다르기 마련입니다. 일기는 곧 살아 있는 이야기이며, 동시에 움직이는 생각이기 때문이지요. 그만큼 소중한 나만의 기록입니다.

그래서 엄마 일기는 '무조건' 적어야 합니다. 글을 쓰는 일이 점점 줄어드는 세상이라 하더라도 꼭 글로 남겨야 합니다. 간단하게 요약하거나 번호를 매기는 것 말고, 꼭 마침표로 마무리짓는 형식으로 완성해야 합니다.

왜 이렇게 적는 것을 강조할까요? 나를 기록으로 남긴다는 것은 대단한 힘을 발휘하기 때문입니다.

첫째, 기억하고 싶은 것을 기록으로 남기지 않으면, 누구의 기억도 되지 않습니다.

이런 경험 있으실 겁니다. 분명히 같이 있었는데, 서로 다르게 기억하고 있는 것 말입니다. 기억은 대개 자신이 기억하고 싶은 방향으로 각색되어 머리에 남더군요. 기억의 숙성 정도가 오래될수록 여러 사람이 기억하는 하나의 상황은 전혀 다른 사건으로 변해갑니다.

머릿속에만 있는 기억은 변하기 마련입니다. 꿈을 꾸며 다짐하던 바로 그때의 마음가짐이 없어지는 이유는 그때의 증거가 없어져버렸기 때문입니다. 속상했던 일에는 분명 그 이유와 상황이 있었을 것입니다. 하지만 기록하면서 생각해보지 않으면, 그때의 감정과 이미지만 남게 되겠지요. 그리고 점점 희미해질 것입니다. 왜곡될 확률이 매우 높다는 뜻이지요.

머리를 너무 믿지 마세요. 온전히 그대로인 기억을 위해 기록에 의지하세요. 글로 남기면 진정한 나의 기억이 됩니다.

둘째, 두 배의 힘을 얻습니다.

엄마 일기는 일을 잘하기 위한 것이 아닙니다. 주어진

일을 빨리빨리 쳐내기 위해서라면 엄마 일기가 아니라 주간 다이어리 혹은 일정 관리 프로그램이 필요하겠지요. 엄마 일기의 목적은 나 자신을 돌아보는 것임을 이제는 모두 아실 겁니다. 엄마가 모든 것을 다 잘해야 한다는 부담감도, 무조건 희생해야 한다는 고정관념도 버리세요. 엄마 일기를 쓰면서 내가 듣고 싶은 말들을 나에게 해주세요. 글로 쓰고 눈으로 한 번 더 읽으면서 두 번 힘을 얻을 수 있습니다.

셋째, 목표를 만들어가는 작업이 됩니다.

엄마 일기를 쓰면서 내가 원하는 것을 알고 내 마음을 듣는 하루가 계속 이어지다 보면 새로운 목표가 생기게 됩니다. 마음에 품고 있었지만 잊고 있었거나 미뤄두었던 꿈을 다시 수면 위로 올려놓을 수도 있지요. 하지만 이 목표를 공식적으로 말하며 다니기에는 부끄럽다고 느낄 수 있습니다. 시작도 하기 전에 내 자존심을 뭉개버리고 방해하는 사람들이 주변에 꼭 있기 마련이니까요. "작가가 되고 싶어"라고 말하면 "엄청나게 글을 잘 쓰는 사람도 되기 힘든 게 작가인데 감히 네가 가능하겠어?"라는 식의 말로 자신감을 떨어뜨려 놓습니다. 사업을 하고 싶다고 말하면 사업의 부정적인 면만 늘어놓으며 도전의 첫걸음조차 내딛지 못하도록 붙잡지요. 지금 이 나이에 배워서 무엇을 할 건지를 따져 묻거나, 잘하는 사람들도 힘들어하는 세상인데 가만히 있는 것이 현명하다는 충고도 하지요. 나를 사랑한다며, 혹은 나를 위한 조언이라며 꿈을 접으라고 말합니다.

그럼에도 불구하고 마음속에서 생기는 욕구를 눌러두기만 할 수는 없습니다. 매일 적으면 적을수록 자꾸 밖으로 나오려고 할 테니까요. 어느 정도 해보기 전까지는 엄마 일기장에서 나만 봅시다. 아직 누군가에게 말하기에는 자신 없는 큰 목표나, 반대로 초라해 보이는 작은 목표라도 상관없습니다. 자꾸 글로 기록하면서 읽다 보면 목표는 점점 구체적으로 가다듬어집니다. 구체적인 목표는 자연스럽게 방법을 찾아갑니다. 새로운 목표를 이루는 방법을 알게 된다면 부정적인 충고에도 휘둘리지 않게 되지요. 쓰면 쓸수록 목표는 단단해지고 이를 위한 길을 찾게 됩니다.

엄마 일기를 시작하기 전, 워밍업 체크리스트

☐ 쓰는 시간을 억지로 정하지 않는다.
하루 중 혼자만의 시간이 가능한 때를 골라 일기장을 편다.

☐ 필요한 다이어리는 오직 한 권!
매일 들춰봐야 하니 번거롭지 않게 하나만 준비한다.

☐ 꼭 종이 다이어리여야 한다.
스마트 기기에 방해받지 않고 일기 쓰기에 집중할 수 있다. 하루 중 이 시간만큼은 스마트 기기를 멀리하자.

☐ 하루에 30분간은 내 공간을 만든다.
어느 곳이라도 좋다. 오롯이 나에 대해 생각하고 글을 쓸 수 있는 곳이라면.

☐ 하루의 일들을 되돌려보는 연습을 한다.
최근의 일부터 거꾸로 떠올리는 것이다. 하루를 그냥 흘려보내지 않을 수 있고, 또 얼마나 대견하게 하루를 보냈는지 느낄 수 있다.

□ 일상을 어떻게 보낼지 잘 선택한다.

혹시 하고 싶지 않은 일을 하거나 무의미한 일을 반복하고 있진 않은지 생각해본다.

□ 마음이 하는 이야기에 귀를 기울인다.

나 자신이 풀어내는 이야기를 잘 들을 수 있어야 일기 쓸 준비도 된 것이다.

□ 글의 힘을 믿는다.

글은 생각을 기록으로 남긴다. 일기에 적힌 다짐, 생각, 꿈도 마찬가지다. 그 생각들이 나에게 얼마나 힘을 줄게 될지, 차근차근 변화를 받아들일 준비를 한다.

Chapter 4

나를 알아가는
시간의 목차

엄마 일기를 구성하는 항목들

✦ 첫 번째, 감사 일기

    초등학교 저학년 시절을 돌아보면 일기는 선생님이나 부모님 등 누군가에게 보여주기 위한 글이었습니다. 그림도 알록달록하게 잘 그려야 했고 '참 잘했어요' 도장을 받기 위해 예쁜 말들로 채워야 했지요. 예쁜 그림 일기장이었습니다.

    10대부터 20대 초반까지는 예쁘게 꾸미기 위해 그림을 그리거나 스티커를 붙이고, 무엇을 해야 하는지 일과를 기록하는 다이어리를 썼습니다. 매년 연말이 되면 한 해를 함께 '예쁘게' 꾸밀 다이어리를 선택하는 것이 큰일이었지요.

    그런 '예쁜 일기장' 말고 진짜 일기를 쓰기로 마음먹고 펜과 종이를 찾았습니다. 나를 생각하는 시간에 정성을 들이고 싶었기 때문입니다. 그래서 다이어리를 사는 데 많은 공을 들였습니다.

다이어리의 첫 페이지를 펼치던 날이 생각납니다. 마치 무슨 의식을 치르는 듯한 기분이었어요. 그도 그럴 것이, 일기를 쓰겠다고 고요한 새벽에 일어나 따뜻한 차 한 잔까지 준비했으니 말입니다. 내 이야기를 쓰는 일기라지만 무엇을 써야 할지 감을 잡을 수 없었습니다. '난 이 시간에 왜 일어난 거지?' '혼자만의 시간이 생기니 음악이 듣고 싶네.' '내일은 무슨 차를 마셔볼까?' 이런 온갖 잡생각이 떠올랐습니다.

어떤 이야기로 페이지를 채워야 할지도 막막했습니다. 버겁게 느껴지던 나의 하루를 담아내기에는 얇은 종이가 너무 가볍게 느껴졌습니다. 그 무게를 감당하기 어려워 보였습니다. 오늘 하루의 어떤 '사건'에 대해 중점적으로 대화해볼지 선택하려니 그다지 중요한 이슈 없이 보낸 하루가 한탄스럽기도 했습니다. 반대로 어떤 날은 심각한 일들이 너무 많아 무엇부터 써야 할지 부담스러운 하루가 힘들게 느껴졌습니다.

생각해보면 꽤나 부정적인 생각을 많이 하고 있었던 것 같았습니다. 일기장에 써야 할 것 같은 일들이 모두 푸념 같았지요. 그런데 넋두리만 늘어놓기에는 자존심이 상했습니다. 혼자만 보는 일기장이라 해도 내일 혹은 더 훗날에 내가 볼 이 과거가 우울하다고만 느끼고 싶진 않았거든요.

그래서 '감사 일기'를 쓰기로 했습니다. 그런데 '감사했던 일'도 쓰기가 자연스럽지 않아서 '의도적으로' 찾아야했습니다. 어제의 일인데도 억지로 쥐어짜지 않으면 제대로 기억이 나지 않았습니다.

그래서 감사 일기를 위해 고생하는 시간을 줄이고자 두 가지만 생각하기로 했습니다.

1. 긍정적인 단어를 사용하자.
2. 사소한 것이라도 적자.

그러자 '잘못된 점'은 '보완해야 할 점'이 되었습니다. 이런 식으로 신중하게 단어를 선택하자 전반적인 글 분위기가 온화해졌습니다. 펜으로 써서 지우기가 쉽지 않아, 틀리지 않게 쓰려고 생각을 많이 해야 하기도 했지요. 그렇게 감사한 내용을 꾹꾹 눌러 썼습니다.

감사 일기가 점차 습관이 되자 재미있는 일이 생겼습

니다. 감사한 일은 생각보다 '굉장히' 많았습니다. 미팅에 지각할까 봐 조마조마했는데, 버스 정류장에 도착하자마자 타야 할 버스가 온 것도 감사했습니다. 한번은 설정해놓은 데드라인이 지나도록 해결되지 않는 고민거리 때문에 스트레스를 받은 적이 있었습니다. 초조한 마음으로 지내던 중 우연히 관련 공부를 하다가 생각했던 기존 방안보다 더 좋은 방안이 있다는 사실을 알게 되었지요. 덕분에 다른 목표가 생기게 되었습니다. 이렇게 되자 당시 데드라인이 지나도록 문제를 해결하지 못한 것이 지금은 정말 감사한 일이 되어버렸습니다. 일기장에 쓸 사소하지만 감사한 일이 하루에 몇 개씩 쌓이는 만큼 하루가 진심으로 감사해졌습니다.

감사한 일은 나에게 즐거움만 주지 않았습니다. 무엇을 배울 수 있게 된 것도 감사한 일이었지요.

2021년 1월 3일 일요일

특별한 계기를 경험해야, 다시 한번 돌아보고 반성하고 성장할 수 있는 기회가 옵니다. 건강이 제일 중요하다고 매일 입으로 읊조리지만, 막상 아파본 적이 없다면 그 중요성을 절실하게 알아채기 어려운 것처럼 말이지요. 새벽에 아이가 배가 아프다며 울며 보채는 모습을 보니 올 한 해 먹는 것에도 많이 신경 써야 함을 느낍니다. 새해가 시작된 지 며칠 지나지 않은 지금, 이렇게 올해의 목표에 의미 있는 한 가지를 더 추가할 수 있게 되어 감사합니다.

물론 감사한 일이 눈곱만큼도 없는 최악의 날도 있습니다. 그런 날에는 속상했던 일을 구체적으로 적었습니다. 고심하면서 한 줄 한 줄 쓰다 보면 가끔은 스스로 해답을 찾게 되는 감사한 일도 생기곤 하더군요.

그리고 매일 반복되는 감사한 일도 생겼습니다. 바로, 일기를 쓰게 되었다는 것 말이지요.

감사, 결국
마인드의 문제였음을

감사 일기를 쓴 지 몇 주가 지났을 때였습니다. 하루의 감사한 일들을 찾는 것이 조금씩 익숙해지면서 긍정적인 태도로 변하고 있음을 느낄 수 있었지요. 하지만 그럼에도 불구하고 감사 일기는 한 페이지의 반도 채우기 어려웠습니다. 감사하다며 억지로 생각을 바꾸는 일은 괴롭기도 했어요.

그런데 '감사'라는 것은 생각하는 방식의 차이에서 드러납니다.

불행하다고 생각하던 때가 있었습니다. 주변에는 온통 뛰어난 사람들만 있었기 때문이지요. 이제는 자연스러워진 '아줌마'라는 타이틀 때문인지, 주변의 뛰어난 사람들과 내 상황을 비교하고 있노라면 우울한 느낌은 금세 배가 되었습니다. 아무래도 시간 경쟁력이 현저히 떨어지는 입장이다 보니 속도를 내지 못하는 상황이라는 것도 스스로를 무능하다고 여기게 하는 데 한몫했습니다. 나는 '열심히' 기어가고 있다면, 다른 사람들은 잘 뛰어갔고 잘 날아갔지요.

스타트업을 운영하고 있는 주변의 엄마들은 어려움 속에서도 빛을 발하고 있는 듯 보였고, 오랜만에 SNS를 통해 소식을 듣게 된 후배는 회사에서 높은 자리에 올랐습니다. 워킹맘으로 고군분투하고 있는 친구들도 그렇게 버티다 보니 더 좋은 기회가 왔습니다. 그녀들의 출장 스토리가 너무 부러웠습니다. 다들 각자의 터전에서 자리를 잡았고, 더 나아가 자신만의 브랜드를 만들어가고 있었지요.

내 주변에만 유독 잘난 사람들이 많은 것도 아니었습니다. 집으로 배달 온 택배 상자 안의 베스트셀러 저자는 내 나이와 몇 살밖에 차이가 나지 않습니다. 누군가는 전문가가 되었는데, 나는 '예전에 만약 그랬더라면'이라는 문장만 되뇔 뿐이었지요.

애꿎은 남 탓 찾기가 시작된 것은 이때부터였습니다. 나는 그대로인데 주변 사람들만 앞으로 나아가고 있다고 여기기 시작한 때. 느닷없이 남과 나를 비교하기 시작한 때. 그리고 불행하다고 느끼기 시작한 때.

남들과의 비교는 사실 참 우습지요. 모두가 동등한 상황에 있기란 거의 불가능하잖아요. 내가 못하다고 생각할 필요도 없었습니다. 내가 열심히 살고 있다면 그만일 뿐인데요. 물론 부러울 수도 있지요. 하지만 질투가 난다면 나 또한 더 노력해볼 수 있잖아요. 그래서 다시 생각해보기로 했습니다.

나는 행운아라고 생각했습니다. 주변에 온통 뛰어난 사람들뿐이니 말입니다.

이제는 '아줌마'라는 타이틀을 더 자연스럽게 받아들이는 여유가 생겼습니다. 아직까지도 좋은 재능을 지닌 사람들과 함께한다는 것은 나 역시 그들과 마찬가지로 멋진 사람이라고 여기게 되어 좋습니다. 아무래도 목표를 실행하기에는 시간 경쟁력이 떨어지는 것은 사실이지만, 이렇게 자신의 분야에서 활약하는 사람들과의 만남이 계속되는 이상 나 역시 언젠가는 그렇게 될 거라고 믿게 됩니다. 시간이 조금 더 걸릴 뿐이지요.

내 상황에 맞게 열심히 살고 있다면 이미 잘 살고 있는 것입니다. 그리고 뛰어가는 사람, 날아가는 사람이 주변에 있다면 곧 내 손을 잡아줄 거라고 믿습니다.

주변에 뛰어난 사람이 많다는 것은 롤모델을 옆에 두고 있는 것과 다를 바가 없었습니다. 하나의 사건을 두고 감사하는 마음으로 대할지 말지 선택하는 일은 내 마음에 달렸던 것입니다.

마음의 기준점을 다시 조절해보세요. 감사한 것 찾기가 훨씬 수월해질 것입니다.

두 번째, 대화 일기

지금은 겨울입니다. '추위'가 만드는 매력으로 가득 채워진, 제가 가장 좋아하는 계절이지요.

겨울의 매력은 날씨와 대조적으로 따뜻함이나 포근함을 떠올리게 하는 계절이라는 점에 있습니다. 더운 여름에 연상되는 시원함이나 청량함에서는 느낄 수 없는 적당한 무게감도 있습니다. 크리스마스나 설날이라는 큰 이벤트가 있어서인지 모임이 주는 북적거림도 느껴지지요.

겨울을 좋아하는 이유는 또 있습니다. 바로 '덮어주는 따뜻함'이 있기 때문입니다.

저에게 덮어주는 따뜻함은 '이불'입니다. 수면 잠옷과

수면 양말로 아무리 몸을 감싼다 하더라도 이불이 주는 따뜻함은 격이 다릅니다. 이불의 두께와 상관없이 그저 한번 덮었을 뿐인데도 보듬어주는 느낌이 있거든요.

이 '덮어주는 따뜻함'이 대화의 매력이라는 생각이 들었습니다.

대화에는 말하는 사람과 들어주는 사람이 필요합니다. 들어주는 사람은 말 그대로 '들어주기'만 할 수도 있고, '피드백'을 주기도 합니다. 말하는 사람은 피드백을 기대하며 말하기도 하고, 가끔은 그저 속에 쌓여 있는 것들을 드러내기 위해 말하기도 하지요. 이렇게 적으면서 보니 들어주는 사람은 있으나 없으나 크게 상관없는 존재인 것 같기도 합니다. 대화의 중심은 말하는 사람인 것 같으니 말이지요.

그런데 없어도 되는 것 같은 '들어주는 사람'의 존재가 저에게는 이불 같았습니다. 제아무리 혼자서 온갖 무장을 해도 이불 하나에서 전달되는 따스함을 이길 수 없듯, 아무리 나 혼자 이런저런 말을 주절거린다고 해도 들어주는 사람의 추임새 한마디에 내 편이 있다는 따뜻한 느낌을 받게 되니까요.

감사한 이야기로 채워지던 일기에도 이불이라는 따뜻

함을 추가해보고 싶었습니다. 하루를 돌아보며 감사한 일을 찾는 것도 풍요로운 시간이었지만, 일방적인 혼잣말 같기도 했거든요.

감사한 일들을 콕 집어서 기록했지만, 사실 감사한 것 말고도 더 생각해보고 싶은 일들은 많았습니다. 억울했던 일도 다시 생각해보고 싶었습니다. 괜찮다는 토닥거림을 받고 싶었지요. 이불 킥이 필요한 일들도 한 번 더 떠올려볼 필요가 있었습니다. 왜 그랬는지, 어떻게 했어야 했는지 곰곰이 생각해보고 싶었거든요. 한 번에 완벽하게 고칠 수는 없겠지만 같은 실수를 되풀이하는 행동은 멈추고 싶었습니다. 왜 그랬는지, 어떻게 하고 싶었는지, 무슨 말을 듣고 싶었는지 나에게 물어보고 싶었습니다.

나에게 물어보면 내가 원하는 답변을 누구보다 잘 해줄 수 있을 거라는 생각도 들었습니다. 무조건 변명에 동조해주는 그런 답변은 당연히 올바른 대화가 아닙니다. 아이가 속상한 일이 있었을 때 "그런 상황이어서 속상한 마음이 들었구나. 그래, 그럴 수도 있어"라는 말로 아이의 마음을 먼저 보듬어주듯, "그랬을 수도 있겠다"라는 말을 나 말고 누가 나에게 해줄 수 있을까요? 내일은 이불 킥을 하지 않도록 오늘의 사건을 다시 구성해보고, 다음을 위해 어떻게 대비하면 좋을지에 대한 의견도 사건의 당사자인 내가 잘 말해줄 수 있을 것 같았습니다.

그래서 대화하는 시간을 일기에 넣어보기로 했습니다.

일기 쓰기란
나와 대화하는 일

"기도하는 편지"

초등학교 3학년 때 밤마다 쓰던 일기의 첫머리는 항상 이렇게 시작했습니다. 나름 열심히 기도하던 시절이었습니다. 어두운 방에 혼자 누워 두 손을 모으고 기도를 하자니, 분명 기도를 하겠다고 시작한 행동이었지만 딴생각으로 빠지기 일쑤였지요. 기도만 열심히 하면 다 이루어질 거라 여긴 어린이에게, 기도가 자꾸 옆으로 새는 것은 큰일 날 만한 일이었습니다. 그래서 나름 집중이라는 것을 하기 위해 종이와 펜을 든 것 같습니다.

초등학교 3학년은 친구나 부모님, 선생님과의 관계에

서 느낄 수 있는 다양한 감정들이 혼합되어 있던 시기이기도 했습니다. 그 고민들이 '기도하는 편지'에 쌓여갔습니다. 위로 넘길 수 있도록 스프링이 달린 A4 용지 크기의 종합장은 곧 편지가 담긴 노트가 되었지요.

'편지'라고 제목을 붙였지만 사실 일기에 가까웠습니다. 하루의 이런저런 일들과 함께 푸념을 늘어놓기도 했습니다. 비밀을 풀어내기도 하면서 마음을 정리하고, 가끔은 스스로 방법을 찾아내곤 했습니다. 예를 들어, 이런 식이었지요. "오늘 ○○가 저에게 허락도 받지 않고 지우개를 가져가 쓰는 거 있죠? 어떻게 그럴 수가 있죠? 제 기분이 나쁠 거란 생각은 하지 못하는 걸까요?" "새로 전학 온 아이가 저보다 글짓기를 더 잘한다고 칭찬을 받았어요. 저는 어떻게 하면 좋을까요?" 이런 질문을 써놓고는 어떻게 하면 좋을까를 골똘히 생각해보기도 했습니다. 하고 싶은 말은 늘 많았습니다. 종합장을 다 쓰고도 바로 새것을 살 수 없으면, 글씨 베껴 쓰기 연습을 하던 종이인 미농지를 스테이플러로 붙여가며 썼지요.

그 시절을 다시 소환해보기로 했습니다. 어떻게 나와 대화를 할 수 있을까를 고민하던 끝에 얻은 해답을, 열 살의 어린 내가 갖고 있었거든요.

평범하고 당연하게 여겨지던 것들에 애정을 더하면 특별한 존재감이 생겨납니다. 마치 코로나 시대의 집과 같다고나 할까요? 가족 구성원 모두가 집에만 머물러야 하는 시간이 늘어나면서 우리는 자연스럽게 집의 재발견을 경험하게 되었습니다. 집의 기능을 생각하고, 홈 데코와 인테리어에 관심을 갖는 것이 사회적인 트렌드로 자리 잡은 것이지요.

SNS에서 다양한 취향의 인테리어를 찾아보고, 예산을 잡아보고, 수없이 여러 번 클릭하며 가구를 구입하면 이리저리 배치해보는 일에만 여러 날이 소요됩니다. 내 라이프 스타일에 최적화된 방, 그리고 우리 집 식구들이 조화를 이룬 집은 먹고 잠자고 쉬는 공간을 넘어 나의 이야기가 펼쳐지는 스튜디오가 됩니다. '일상을 소비하는 집'에서 '일상을 스타일링하는 집'으로 업그레이드되지요.

집과 마찬가지로, '일상을 소비하는 나'에서 '일상을 적극적으로 스타일링하는 나'로 업그레이드하기 위해서는 평범한 하루와 당연하게 여겨지던 취침 준비 시간에 애정을 더하면 되었습니다. 이를 위해 선택한 방법이 바로 그때와 같은 '대화'입니다. 그래서 자꾸 질문을 했습니다. 그리고 당장에 해결할 수 없는 답변이라도 대답을 하고자 했지요.

2018년 5월 8일 화요일

왜 자꾸 주기적으로 같은 고민을 하게 되는 걸까요? 아이의 컨디션에 따라 내 시간이 좌지우지되는 것에 가끔은 화가 납니다. 그래서 내 시간을 언제 확보해야 하는지 또 고민하게 되었잖아요. 내 마음대로 아침형 인간이 될 수도, 저녁형 인간이 될 수도 없다니요.

요사이 유독 밤만 되면 엄마와 함께 잠들기를 바라는 아이의 생활 패턴이 영원한 습관이 되지 않기만을 바랍니다.

그런데 재우다가 함께 잠들고 아침 일찍 일어나려는 시도가 요 며칠 자꾸 실패로 돌아갑니다. 왜 그럴까요?

일어나서 40분가량 운동을 하고 일기를 쓰고 화장실을 다녀오면, 새벽에 일어난다고 해도 나만의 시간을 오래 쓰기가 어려워요.

아, 쓰다 보니 답이 나왔네요. 당장은 새벽형 인간이 맞지 않는 듯하니, 오늘은 아이를 재우고 어떻게 해서든 다시 책상 앞에 앉아봐야겠습니다.

대화하는 상대방인 또 다른 나를 위해 '대화 일기' 역시 존댓말로 씁니다. 이렇게 나를 위한 시간, 나와 이야기하는 시간이 확보되면서 내 마음을 알아가는 즐거움이 점점 커지기 시작했습니다.

✦

세 번째,
나를 표현하는 문구

상품에 매력을 더하는 작업이 마케팅이라고 생각합니다. 아무리 좋은 기능을 갖고 있다 하더라도 기술자의 시각이 반영된 전문 용어로 된 설명은 어렵습니다. 감정을 움직이는 광고나 카피 문구가 소비자들의 시선을 더 사로잡지요.

광고나 카피 문구는 제품의 특징을 말과 디자인으로 아름답게 풀어갑니다. 누구나 갖고 싶은 상품이 바로 이것이라며 강조하지요. 마케팅은 상품에 이미 내재된 장점을 표현하는 것으로 끝나지 않아요. 상품이 추구하고 싶은 이미지를 은연중에 풍기기도 하지요. 우리는 상품을 구매하면서 상품이 의도하는 이미지도 함께 껴안습니다.

이런 생각을 해봤습니다. '나'도 상품이 될 수 있다고 요. 내가 상품이라면 '나'라는 상품을 어떻게 알리면 좋을까요? '나'라는 상품이 어떻게 보이면 좋을까요? 이 두 가지 질문에 대한 답은 곧 '나는 어떤 사람이고 싶은가'로 이어졌습니다. 마케팅 전략의 전제 조건이 상품을 제대로 파악하는 것인 만큼, '나'라는 상품을 알리겠다고 결심한다면 나에 대한 탐색이 필수일 테니까요.

일기의 목표는 나를 잘 알고 성장시키겠다는 것이었어요. 어느 정도 나에 대한 단점과 강점을 분석하자, 이제는 앞으로 나아갈 부분도 일기에 넣고 싶어졌습니다. 그래서 나는 어떤 사람이기를 바라는지 한 문장으로 만들어보기로 했습니다. 나에 대한 카피 문구를 만드는 것이지요.

기업의 마케팅 활동처럼 시선을 끄는 소위 후킹hooking 하는 문구가 아니어도 상관없었어요. 나에 대한 카피 문구는 일기장에 기록되는 것이기 때문에 다른 사람이 보는 것도 아니었거든요. 하지만 나 혼자만 보는 카피 문구라 하더라도 핵심 요소를 선택하기란 생각만큼 쉽지는 않았습니다. 내가 되고 싶은 사람의 모습을 풀어내려니 장황한 글로 이어지곤 했어요.

그래서 내가 되고 싶은 모습을 세 가지로 떠올려보았습니다. 오로지 나의 개인적인 조건에서 이루고 싶은 모습이 있고, 아이의 엄마라는 입장에서 되고 싶은 모습도 있으며, 아내 혹은 가족에게 보이고 싶은 모습도 있었어요. 각 카테고리에서도 쓰고 싶은 목표가 많았지요. 이룰 수 있을지 여부는 둘째 치고라도 목표 이후의 삶을 상상해보는 것은 매우 즐거운 일이었어요. 그리고 이 모든 상상에 가능성을 부여할 수 있는 공통 요소를 찾아야 했습니다.

　　　우선, 요구되는 능력들을 하나씩 차곡차곡 적어갔습니다. 그리고 비슷한 성격으로 분류되는 단어끼리 묶어보았습니다. 나를 표현하는 카피는 꼭 그렇게 될 거라고 체감할 수 있는 것이어야 했습니다. 이런저런 생각들을 겹쳐보니 드디어 완성된 표현이 나왔습니다.

　　　"나는 건강한 사람, 긍정적인 기운의 사람입니다."

　　　다소 진부한 카피 문구가 나왔지만, 정말 나에게 필요한 요소들로 채워진 내가 되고 싶은 사람의 모습이었습니다. 그래서 저는 이 카피를 지금도 일기장에 적습니다.

　　　여기서 중요한 점이 있습니다. 나를 표현하는 문구는 "~하고 싶은 사람이다", "~하고 싶다"가 아니라 "~한 사람이

다"로 끝나야 한다는 것입니다. 희망사항으로만 남기고 싶지 않다는 의지의 표현입니다. 내가 되고 싶은 사람이라는 일종의 자기 주문이 될 수 있으니까요.

✦ 주문을 외워봅시다

　　아이를 데리고 놀이터에서 시간을 보내고 있을 때였습니다. 초등학생처럼 보이지는 않았지만 꽤 커 보이는 유치원생 남자아이가 놀이터에서 만난 더 어린 남자아이를 데리고 놀고 있었지요. 유치원생 남자아이는 자기 무릎보다 높은 곳에 올라갔다가 순식간에 폴짝 뛰어내리면서 어린 남자아이에게도 해보라며 권하더군요. 어린 남자아이는 무서워하는 표정이 역력했습니다. 아이들의 엄마로 추정되는 분들이 좀 떨어져 있어서 저는 혹시나 하는 마음에 아이들의 대화에 끼어들 준비를 하고 있었습니다.

　　다행히도 큰 아이는 작은 아이에게 권유만 할 뿐 강요

하지는 않았습니다. 대신 작은 아이 앞에 양팔을 벌리고 섰습니다. 그리고 하는 말이 인상적이었어요.

"걱정하지 마. 내가 잡아줄게. 그리고 자꾸 '못 해'라고 말하면, 나중에 어른이 되어서도 진짜 못 해. 넌 할 수 있어."

순간 그 아이의 부모가 궁금해졌습니다. 어떤 부모이기에 아직 초등학교도 다니지 않는 아이가 저런 말을 저리도 자연스럽게 할까 싶어서요.

긍정적인 말만 들은 물과 부정적인 말만 들은 물의 결정체가 다르다는 실험 결과는 너무나도 유명합니다. 일조량, 물의 양, 온도 등의 조건이 같아도, 주인에게 어떤 말을 듣느냐에 따라 식물이 무성하게 자라거나 시들어가는 모습을 유튜브에서도 어렵지 않게 찾아볼 수 있어요. 칭찬은 고래도 춤추게 한다는, 이제는 진부해진 표현도 있지요.

아이들도 마찬가지입니다. 부모가 하는 말이나 태도가 아이의 행동에 어떤 영향을 미치는지, 우리는 아이를 키우면서 매일 그 결과를 지켜보고 있잖아요. 매일 반복되는 칭찬과 응원에 아이의 자존감과 자신감은 커져갑니다.

엄마가 되어서 더욱 잘 알게 된 이 사실을 나에게 적용하는 것이 어려울까요?

나를 표현하는 문구를 완성했다면 매일 읊어봅시다. 일기 쓰기의 마무리로 말이지요. 일기에도 쓰고, 잠들기 전 이불을 덮고 한 번 더 되뇌어도 좋습니다. 일기를 쓰는 시간이 아니라도 일상생활 중 응원이 필요한 순간에도 말해보면 좋아요. 실제로 저는 '내 문구'를 자주 중얼거리곤 합니다.

너새니얼 호손의 소설 《큰 바위 얼굴》에서는 주인공 어니스트가 어린 시절부터 큰 바위에 새겨진 위인들의 얼굴을 계속 바라보며 지내다 결국 자신이 바위의 위인과 닮아갑니다. 이처럼 매일 같은 말을 듣는 나 역시 '내 문구' 속 주인공이 될 거라 믿습니다.

조용히, 오늘도 나의 주문을 외워봅니다.

네 번째, 상상 일기

호기롭게 작성한 위시 리스트wish list를 냉장고에 보란 듯이 붙여놓던 때가 있었습니다. 일 년간 꼭 이루어내고 싶은 항목들을 크게 적어놓고, 냉장고를 지나칠 때마다 쳐다보지 않을 수 없도록 말입니다. 목표를 가지고 있다 하더라도 일상이 바쁘다 보면 종종 잊어버리기 마련임을 잘 알기 때문이지요. 하나씩 지워지는 항목들을 반복해서 들여다보는 재미도 있었습니다. 실천하는 사람이라는 훈장 같은 의미로 받아들여지기도 했거든요.

위시 리스트가 자리한 곳이 눈에 잘 띄는 곳이다 보니, 집을 방문하는 지인들도 관심 있게 들여다보곤 했습니다. 당시에는 누군가가 나의 위시wish를 본다는 것에 거부감이 없었어요. 오히려 남에게 보여주는 것이 위시 리스트를 꼭 이뤄내야 하는 계기가 되었지요.

한번은 지인이 위시 리스트를 보고 이런 제안을 해주었습니다. '위시 리스트'라는 타이틀을 '오더 리스트order list'로 바꿔보라고 말이지요. 내가 믿고 원하는 대로 내 인생이 만들어진다는 등의 이야기를 담은 《시크릿》이나 《왓칭》, 《더 해빙》 같은 책을 좋아하는 제 입장에서 '위시'를 '오더'로 바꾸면 어떻겠냐는 의견은 꽤나 매력적인 조언이었습니다. '이루어졌으면 좋겠다'보다 '무조건 이루어져라' 하고 명령하는 느낌의 오더 리스트가 힘이 더 큰 것 같았습니다.

솔직히 오더 리스트로 바꾸고 나서 더 많이 이루어냈는지는 잘 모르겠습니다. 위시 리스트일 때도, 오더 리스트일 때도 계획한 항목들을 다 완성한 해는 없었거든요. 다른 점이 있다면, 마음에 생긴 책임감과 부담감의 차이였습니다.

그런데 말입니다. 책임감과 부담감이 커져서 더 신경을 쓰게 된다면, 그래서 계획했던 일을 이룰 확률이 더 높아진다면 말이지요. 가끔은 소박하거나 달성하기 쉬운 계획보다는 보다 장기간에 걸쳐서 이룰 수 있는 묵직한 계획을 가져보는 것도 좋겠다는 생각이 들었어요.

그래서 나무가 아닌 숲의 시야로 생각해보기로 했습니다. 올해 해보고 싶은 여러 가지 일들을 나열하는 이유는 결론적으로 내가 되고 싶은 모습이 있기 때문이라고 생각했으니까요. 오늘, 이번 주, 이번 달, 올해 등 시간을 쪼개어 달성하고 싶은 항목들을 만드는 것은 물론 너무나 중요한 일입니다. 하지만 궁극적으로 어떤 모습의 나를 원하는지 구체적으로 생각하지 않으면 때로는 항목들의 방향이 이리저리 바뀔 수도 있잖아요.

엄마 일기의 세 번째 항목인 '나를 표현하는 문구'와는 다른 시도를 해보고 싶었습니다. 매일 혹은 자주는 아니지만, 아주 가끔은 한 번씩 들여다볼 수 있는 다듬어지고 구체적인 내 모습을 그려보고 싶었어요.

기업들은 마케팅을 할 때 제품 타깃의 페르소나를 정리해보곤 합니다. 백과사전을 보면 페르소나는 '이성과 의지를 가지고 자유로이 책임을 지며 행동하는 주체'라고 정의되는데요. 기업들은 자사의 물건을 사는 사람들이 어떤 생활 습관을 갖고 있고, 무엇에 관심이 있으며, 구매 습관은 어떤지 등을 구체적으로 분석합니다. 그들의 패턴을 제대로 파악해야 그들의 마음을 사로잡는 마케팅을 할 수 있으니까요.

숲의 시야를 갖기 위해 나 자신의 페르소나를 한번 정리해보고 싶었습니다. 지금의 페르소나가 아닌, 앞으로 되고 싶은 미래의 페르소나 말입니다. 일기를 쓰면서 내 마음을 보듬고 나 자신을 파악해가면서 내가 원하는 모습이 조금씩 구체화되고 있기도 했고요.

2017년 9월 8일, 호수가 한눈에 보이는 카페의 테이블에 앉아 일기장을 펼쳤습니다. 그리고 첫 '상상 일기'를 써보기로 했지요.

'나'라는 페르소나

페이지 상단에 '상상하기'라고 쓴 후 나에 대해 무엇을 먼저 상상해봐야 할지 고민을 하기 시작했습니다. 내가 되고 싶은 '나'라는 페르소나는 무엇을 중요하게 생각하는지, 어떤 고민을 하는 사람인지 등등 뜬구름 잡듯이 막연하게 머리만 굴리고 있다가 유리창에 비친 제 모습을 보았습니다. 상상으로라도 시급히 바뀌어야만 하는 항목이 정해졌습니다.

자연스럽게도 구체적으로 상상해야 하는 첫 번째 항목으로 '외모'를 선택했습니다. 그리고 두서없이 생각나는 대로 적어봤어요. 우아한 사람. 여유 있는 표정. 운동화나 플랫 슈즈보다는 적당한 굽의 신발을 신는 사람. 단순한 옷차림

이어도 자신에게 어울리는 스타일을 아는 사람. 이외에도 머리의 길이나 스타일, 말투 등도 생각해보았습니다. 지금과는 많이 동떨어진 모습이라 해도 괜찮았어요. '상상'이니까요.

두 번째는 '캐릭터'였습니다. 캐릭터 부분에서만 두 장이 넘을 정도로 상상할 만한 일들이 가장 많았습니다. 한 문장을 쓰고 나면 이를 구체화하기 위한 부연 설명들이 필요했거든요. 가령 "내가 하는 일에 당당한 사람"이라고 쓴 후, 내가 생각하는 '당당함'이 무엇인지를 이어가는 식이었어요. 그리고 "당당함이 교만함으로 비치지 않도록 겸손함을 갖추고자 노력하는 사람"이라고 덧붙였습니다. 이를 위해, 누군가와 대화를 하는 중이라면 내 말을 하는 것보다 상대방의 말을 듣는 데 더 시간을 쓰는 연습을 의도적으로 한다고도 썼지요. 더 큰 어른이 되어가면서 말을 줄이는 것이 현명하다는 사실을 제대로 느끼고 있으니까요. "내 브랜드를 갖춘 사람"이라고 쓴 후에는 내가 생각하는 브랜드란 무엇인지가 뒤를 이었어요. 나에 대한 상상인 만큼, 나에게 필요한 단어의 정의는 정해진 것이 없었습니다. 내가 정하면 되는 거니까요.

캐릭터에 대한 기록이 길어지면서 '나'라는 페르소나의 일과도 떠올려봤어요. 특별한 이벤트가 없는 일상일지라도 '평범함'이 '의미 없음'을 나타내는 것은 아닙니다. 일어나자마자 운동을 하는지 혹은 명상을 하는지, 뉴스나 라디오를 듣는지 혹은 음악을 듣는지, 아침은 어떻게 챙겨 먹는지 등은 하루를 시작하는 평범한 의식에 불과하지만, 무엇을 중요하게 생각하는 사람인지를 엿보는 단서가 되기도 하잖아요.

이렇게 자세하고 세심하게 '나'의 페르소나를 그리다 보니, 어느새 라지 사이즈였던 커피잔은 바닥을 드러냈습니다. 그만큼 시간이 꽤나 오래 걸린 상상의 시간이었어요. 그래서인지 아직 이 상상 일기는 두 번밖에 시도해보지 못했습니다. 하지만 그만한 시간을 투자할 가치는 분명 있었어요. 자세하고 구체적일수록 지금 당장의 내 모습이 바로 그 페르소나와 동일하게 느껴져 마치 미래의 나를 만나고 온 듯한 기분이 들었거든요. 긍정적인 면으로 채워진 상상 속의 나와 만나는 일은 가슴 설레는 경험일 수밖에요.

상상 일기는 내가 무엇을 좋아하고 잘하고 싫어하고 못하는지를 어느 정도 파악하고 있어야 허황되지 않은 모습으로 채워질 수 있습니다. 엄마 일기를 쓰면서 나 자신을 조금은 알게 된 것 같다면, 가끔은 상상 일기도 시도해보세요. 마음이 가라앉을 때 다시 일으켜 세워주는 에너지가 됩니다.

첫 일기를 마쳤다면, 나에게 칭찬해주세요.

Chapter 5

엄마 일기를
오래도록 쓰는 비결

그만두지 않기 위한 '생활 습관'

시간 도둑을 잡으세요

시간 확보

엄마가 되고 난 후 가장 싫은 것이 바로 '시간 도둑'이었습니다. 지금이야 아이와 친구 같은 대화를 할 수 있게 되었으니 좀 수월합니다만, 아이가 누워만 있고, 안고 있어야만 하고, 언제 자고 언제 깰지 예측할 수 없던 시절에는 지인에게 안부 메시지를 보내는 것조차 오늘의 to do list에 올려놓고 계속 인지하고 있어야만 실행에 옮길 수 있었지요. SNS 메시지 하나 보내는 것조차 적어놓지 않으면 다음 날로 미뤄질 수밖에 없는 벅찬 하루의 연속이었습니다.

내가 밥 먹을 때 아이가 잠을 자면 가장 감사하다는 말이 나올 정도로, 천천히 밥을 먹고 조용히 커피 한잔하는 상황이 그리웠어요. 단 5분이라도 내 시간을 사수하고 싶다는 생각이 드는 것은 당연했습니다. 언제부터 이렇게 시간을 아껴 썼나 싶을 정도로, 시간을 활용하는 데 민감해지기 시작했습니다.

엄마가 되기 이전에는 하루라는 시간이 모두 나의 통제하에 움직인다고 생각했었나 봅니다. 시간이 넘치고 여유로웠던 것 같아요. 주말에는 무엇을 하며 시간을 보내야 할지, '시간 소비 계획'을 위한 준비에도 많은 시간을 투자했으니까요. 그런데 엄마들과의 관계가 중요하다는 이유로, 커피한 잔을 앞에 두고 도돌이표처럼 맴도는 의미 없는 대화에 오랜 시간 참여해야 하는 것은 고역이었어요. 연락하고 싶은 지인과 진지한 대화도 나누기 어려우면서, 읽지 못한 말들이 쌓여가는 단체 대화방의 알림 표시를 '해치우는' 것도 힘들었지요.

사람들과 말하고 싶었지만, 원하지 않는 사람들과 말하는 시간이 훨씬 많았습니다. 쉬고 싶었지만, 원하지 않는 일에 시간을 쏟는 경우가 많았습니다. 아이의 눈을 바라보고 싶었지만, 아이와는 전혀 상관없는 다른 곳을 바라봐야 하는 일이 많았습니다. 하고 싶은 것과 안 해도 되는 것 혹은 하기 싫은 것의 구분은 명확했지만, 마음과는 정반대되는 일에 시간을 할애하고 있었지요.

원하는 것을 앞에 두고, 도대체 왜 매번 원하지 않는 것을 선택하는지 생각해보지 않을 수 없었습니다. 5분이라는 짧은 시간이 그토록 소중하다는 사실을 이제는 알았으니 말이지요.

엉뚱한 곳에서 시간을 버리고 있지는 않은지 가능한 한 자주 확인해봐야 합니다. 하지 않아도 되는 것은 과감히 하지 말고, 꼭 해야 하는 것으로 하루를 채우려고 노력하세요. 한껏 유행하고 있는 미니멀 라이프는 물리적인 것에만 적용되지 않습니다. 책임과 의무, 관계에도 미니멀 라이프 마인드를 불러오세요. 정리하고 버리면, 소중하게 간직해야 할 것만 남게 됩니다.

그렇게 남아 있는 것들에 집중하세요. 시간을 흘려보내지 않고, 시간을 붙잡을 수 있게 됩니다. 중요한 일을 위한 시간을 확보할 수 있다면, 일기 쓰기는 오래도록 유지하는 좋은 습관이 될 것입니다.

유튜브는 듣기만 해도 됩니다

집중력 기르기

피부 홈케어가 하나의 트렌드로 자리 잡으면서, 집에서 10분 내외의 시간 동안 편안한 자세로 관리를 받을 수 있는 마스크가 대세입니다. 큰마음 먹고 구입한 홈케어 마스크에 이제는 익숙해졌지만, 구매를 망설이던 시기에는 '이것'이 가장 큰 걸림돌이었습니다. 바로 스마트폰이었지요.

'잠을 자기 위해 침대에 누운 것도 아니면서, 책을 읽거나 대화를 나누거나 아이와 놀아주는 것도 아니면서, TV를 보는 것도 아니면서, 과연 10분이나 스마트폰을 안 보고 가만히 있을 수 있을까?'

스마트폰이 옆에 있는데도 볼 수 없는 상황이 그렇게

나 어색하고 무서울 수 없었습니다.

작은 스마트폰 안에서는 항상 많은 일들이 일어납니다. 그리고 끊임없이 선택지를 제시합니다. 싫증이 나면 즉시 다른 선택이 가능하지요. 통화를 하면서 메시지를 보낼 수도 있고, 그림을 그리면서 영상을 볼 수도 있고, 기사를 읽으면서 채팅을 하기도 합니다. 어제 놓친 TV 프로그램을 시청하다가 뉴스 속보가 뜨면 바로 뉴스를 읽을 수도 있습니다. 짬이 날 때마다 스마트폰을 만지고 있자니, 도무지 한 가지에 몰입할 수가 없습니다. 흐름을 끊는 일들의 연속입니다. 이쯤 되면 집중을 할 수 없는 상황이 아니라 집중을 할 필요가 없는 상황입니다.

안타까운 점은, 집중할 필요가 없는 환경에 반복적으로 노출되면 엄마 일기를 써야 하는 시간에도 집중하기가 어려워진다는 것입니다. 습관이 되어버리고 말거든요. 바쁜 엄마의 하루가 더 힘겹게 느껴지는 이유 중 하나가 바로 '내 시간', '내 일'이 없다는 것인데, 어렵게 갖게 된 내 시간마저 스마트폰의 유혹에 빠지게 된다고 생각해보세요. 아마 엄마 일기는 몇 장만 기록된 채 잊히고 말 것입니다.

엄마 일기를 오래도록 계속 유지하기 위해서는 집중

력을 기를 수 있는 생활 속 실천법이 필요합니다. 그래서 저는 '보는 것'이 아닌 '듣는 것'으로 스마트폰과 가까워지는 연습을 하기 시작했습니다.

예전에는 텍스트로 된 글을 검색해 정보를 얻곤 했지만, 최근에는 영상으로 정보를 얻는 경우가 훨씬 많습니다. 그래서 영상물이 많이 업로드되는 유튜브나 TED를 자주 찾게 되는데요. 여기서 핵심은 유튜브나 TED를 보지 않고 듣는다는 것입니다. 소리는 키워두고 스마트폰은 엎어둡니다. 그리고 듣습니다. 듣게 되는 경우, 내용을 받아들이기 훨씬 쉽습니다. 시각은 한 번에 여러 가지로 주의가 분산되지만 청각은 하나에 집중하기가 훨씬 용이했습니다.

스마트폰을 볼 때는 여러 정보를 동시에 얻을 수 있습니다. 듣기만 하는 것이 정보 습득에 비교적 비효율적이라는 생각이 드는 이유입니다. 하지만 보는 행동은 눈과 귀 모두를 빼앗아 가고, 듣는 행동에는 귀만 필요합니다. 지하철을 탈 때나 요리를 할 때처럼 다른 일을 하면서도 얼마든지 들을 수 있잖아요.

듣기를 좋아하는 한 지인은 오디오북을 즐겨 듣습니다. 읽어주는 속도를 1.5배 정도 빨리 설정해 듣는데, 일주일에 한 권 정도 읽더군요. 대부분 책 읽을 시간이 없다고 푸념하지만, 책도 듣는다면 못 할 것도 없습니다. 보기 때문에 빼앗기는 시간이 그만큼 많다는 뜻이기도 합니다.

유튜브에는 영어, 시간 관리, 책 소개, 부동산 등 자기계발용 콘텐츠들이 점점 늘어나는 추세입니다. 오디오 채널인 팟캐스트도 마찬가지고요. 집중력도 높이면서 많은 지식을 습득할 수 있는 좋은 도구들을 얼마큼 제대로 활용하느냐에 따라 생활에도 변화가 생길 것입니다.

엄마 일기를 꾸준한 습관으로 가져가기 위한 방법으로 선택한 '듣기'였지만, 이는 아이에게도 도움이 되었습니다. 우선 아이가 스마트폰에 큰 관심을 두지 않습니다. 아이들이 스마트폰에 흥미를 보이는 이유는 다양하겠지만, 일단 자주 보이기 때문일 것입니다. 놀고 싶고 말하고 싶은 엄마 아빠가 자기 대신 들여다보는 물건. 쳐다보면서 웃는 물건. 엄마 아빠와 자기 사이를 방해하는 것 같은 물건. 그래서 아이 앞에서는 되도록 스마트폰을 보는 모습을 보이지 않으려고 노력했습니다. 하지만 억지 노력보다는 현명한 활용법이 엄마를 더 편하게 해주더군요. 스마트폰을 스피커와 연결해서 엄마가 음악이나 이야기를 듣는 모습에 익숙해지기 때문에 아이도 영어 노래나 영어 동화, 한글 동화를 듣습니다. 영상을 본다면 그림과 함께 듣게 되니 알아듣지 못할 것도 없겠지만, 듣기로만 이야기를 이해하려면 정말 집중해야 합니다. 덩달아 아이의 집중력도 늘게 되었지요.

스마트폰이 우리를 스마트하게 도와주는 것은 분명 사실입니다. 하지만 그 활용 방법에 따라 우리는 '더' 스마트해질 수 있습니다. 보지 말고 들으세요. 일기를 쓰기 위해 어렵게 준비한 짧은 시간도 충분히 집중할 수 있게 됩니다.

몇 번이고 반복해서 읽을 책

마음의 힘 기르기

소설책을 멀리한 지 꽤 됩니다. 소설을 읽을 때면, 매번 생각보다 많은 에너지가 소비되었기 때문입니다. 등장인물들의 입장에서 이런저런 생각을 하다 보면, 내 마음도 함께 웃었다 울었다 반복하곤 했으니까요. 게다가 감정 이입을 할 때면 책 읽기도 잠시 쉬어야 했기 때문에 책 한 권을 읽는 데 시간이 오래 걸리는 편이기도 했어요. 그래서 소설은 시간적으로, 심적으로 여유가 있을 때 다시 시도하기로 했는데, 마지막으로 소설을 읽었던 때가 언제였는지 기억이 가물가물하네요.

어디, 소설뿐이겠어요. 다양한 인문학 서적들도, 에세

이 서적들도 어느 순간 바쁘다는 핑계로 내 시간에서 사라진 물건들이었습니다.

　어느 순간 이렇게 책을 멀리하는 습관이 굳어질까 걱정이 되기 시작했어요. 아이에게 책 읽는 엄마의 모습을 보여주는 것도 중요한 교육 중 하나였고요. 그래서 책 읽는 모임에 참여하기 시작했어요. 같은 책을 읽었지만 서로 다른 생각을 품을 수도 있음을 확인하는 것은 독서 모임이 주는 묘미 중 하나였지요.

　그렇게 다시 책을 읽었습니다.

　저는 책을 읽으면 꼭 하는 두 가지 의식이 있습니다. 첫 번째는 책의 첫 페이지에 책을 구입한 날짜와 "지연이에게"라는 문구를 적는 것이지요. 저에게 주는 선물이라는 뜻입니다. 두 번째는 포스트잇을 책에 늘 끼워놓는 것인데요. 마음에 드는 문구를 나중에 다시 찾아보기 쉽도록 표시해두기 위해서입니다.

　어떤 책을 읽든 마음에 와닿는 문구는 꼭 있기 마련입니다. 간직하고 싶은 문구가 유독 많은 책은 아무리 오래전에 읽은 책이라 해도 눈에 띄기 좋은 곳에 배치합니다. 저는 그런 책들은 일부러 방이 아닌 거실에 둡니다. 꺼내 보지 않아도, 나에게 영감을 주었던 책은 제목을 보는 것만으로 힘이 되니까요.

내가 어떤 상황에 있느냐에 따라 영감을 주는 문구도, 힘을 주는 문구도 달라질 것입니다. 당연히, 눈에 잘 띄는 곳에 자리 잡는 책은 바뀔 수 있지요. 그럼에도 불구하고 꽤나 오랜 시간 동안 거실에서 자리를 뺏기지 않고 있는 책은 《결국 당신은 이길 것이다》,《2억 빚을 진 내게 우주님이 가르쳐 준 운이 풀리는 말버릇》이라는 두 권입니다.

제목에서 어느 정도 내용을 유추할 수 있을 거예요. 평소의 말버릇과 태도, 마음가짐이 중요하다는 것과 목표를 멈추지 말고 계속 이어가라는 이야기가 담겨 있습니다. 힘든데 잠깐 쉬어도 될까, 혹은 과연 내가 이런 꿈을 품어도 될까 하는 생각이 들 때면 몇 번이고 반복해서 읽습니다. 여러 번 읽은 탓인지 든든해지는 기분도 느낄 수 있어요.

원하는 분야에 대한 마음의 힘을 기를 수 있다면, 일기를 꾸준히 쓰겠다는 마음 또한 단단해집니다.

도움을 청해도 괜찮습니다

의지하기

아이를 낳고 오랜 기간 출퇴근하는 일상과 멀어져 있던 중, 면접을 볼 기회가 생겼습니다. 면접은 언제나 긴장됩니다. 인터뷰어가 구직자를 평가하는 자리이기도 하지만, 구직자 역시 회사의 분위기를 파악할 수 있는 기회라는 말도 많이들 합니다. 하지만 이런 사실을 알아도 어떤 구직자가 그 상황에서 인터뷰어와 회사를 살펴보는 여유를 부릴 수 있겠어요. 대부분 내가 어떻게 보이는가에 신경 쓰느라 여념이 없지요.

'어떻게 보이는가'에는 '잘하는 것'만 포함시키고 싶을 것입니다. 저도 예전에는 그랬어요. 못하는 것은 숨기고 싶고, 잘하는 것만 보이기를 바랐지요. 그런데 연륜이라는 것이 생겨서일까요? 어느 순간부터, 잘하는 모습만 보이고 싶은 마음이 들지 않았습니다. 부족한 부분이 있으면, 혹은 못하는 것이 있으면, 당당하지는 않아도 솔직하게 말할 수 있는 용기가 필요하다는 생각이 들었거든요.

나에게 주어진 일을 오롯이 혼자 해낼 수 있어야 일을 제대로 잘하는 사람이라고 생각했던 적이 있습니다. 그리고 그 생각대로 해보려고 많은 노력을 했습니다만, 뒤따라오는 감정은 좌절과 우울이었습니다. 사실 우리에게 주어지는 대부분의 일은 혼자 할 수 없는 일이기 때문이지요.

'혼자서 못하는 것이 없다'는 말의 표현 자체가 이상할 정도로, 사회생활이나 집안일, 아이 교육 문제 등 삶을 살아가는 그 모든 것이 누군가의 조언과 도움을 받아야만 가능합니다. 도움을 청하는 것은 실패했다는 뜻도 아니고, 내가 무능하다는 뜻도 아니고, 자존심이 상하는 일도 아닙니다. 도움을 받아서 일이 잘 진행되면 주변 사람들도 이득일 테고, 그 결과로 내게 자신감이 생긴다면 나를 보는 주변 사람들도 함께 편안해집니다.

그래서 다시 일을 시작한다면, 잘하지 못할 것 같은

점이나 부족하다고 느끼는 점은 솔직하게 이야기하기로 결심했습니다. 당시 면접을 본 곳과 인연이 닿지는 않았습니다. 당장의 일을 잡기 위해, 잘하지 못할 것 같은 일을 잘할 수 있을 것처럼 말하기는 싫었어요. 그래서 그 기회를 잡지 못한 것에는 후회가 없습니다. 나만 준비가 되어 있다면, 기회는 계속 다가올 거라고 믿기도 했고요.

지금은 업무 요청을 받을 때 할 수 없을 것 같다는 말도 부끄러워하지 않고 할 수 있게 되었습니다. 어떻게든 꼭 해내고 싶은 업무가 생겼을 때는 가족에게 도움을 요청하는 것도 자연스럽고 당당해졌고요.

"몇 시부터 몇 시까지 해야 할 일이 있으니, 그 시간에 아이를 부탁해."

처음에는 이런 말을 꺼내기도 창피했어요. 내가 '거창한 일'을 하는 것도 아닌데, 내 일 때문에 시간을 할애해달라고 말해도 되는 건가 싶었거든요. 평소에 부탁을 잘하는 스타일도 아니기에 남편도 어색해했던 것 같아요.

하지만 서로 어색했던 시간은 점차 익숙해졌습니다. 게다가 도움을 청하는 것은 결국 서로에게 '윈윈'이었어요. 천천히, 조금씩 무엇인가를 이루어나가고 있다는 성취감은 즐거운 기분으로 퍼져 나갔고, 그런 긍정적인 기운은 금세 전염되었습니다. 밝아지는 모습을 보며 주변 사람들도 안정을 느꼈고, 도움을 받아 성장하고 있다는 고마움에 나 이외의 일에도 더 관심을 가지게 되었지요. '엄마의 기운이 그대로 아이에게 전달된다'라거나 '엄마가 마음이 편해야 아이도 마음이 편하다'라는 말이 있지요. 아이를 위해서라도 엄마인 내가 과부하에 걸리지 않도록 적절히 도움을 요청하는 일은 중요하다는 생각이 들었어요.

한꺼번에 여러 가지 도움을 요청한다면 상대방도 부담스러울 거예요. 내가 정말 원하는 것이 무엇인지 우선순위를 정하고, 그것에 맞춰 도움이 필요한 것을 먼저 정리하는 작업을 해보세요. 이 작업을 언제 하냐고요? 나를 돌아보는 일기 쓰기 시간에요.

도움을 받으면서 고민이 조금씩 해결되는 즐거움을 느껴보세요.

중요한 일과 해야 하는 일

우선순위 정하기

집을 어지럽히는 일은 간단합니다. 특히 아이가 어리다면 훨씬 쉬운 작업이지요. 그저 아이와 외출하고 돌아오면 되니까요.

순서는 이렇습니다. 유모차를 현관에 세워놓은 후, 유모차 밑에 있던 가방을 먼저 거실에 들여놓습니다. 마치 짧은 여행이라도 다녀온 것 마냥 가방에서 기저귀, 물티슈, 물병, 과자, 손수건 등이 쏟아져 나옵니다. 아직 어지럽히기 1단계예요. 이제 아이의 옷과 엄마의 옷이 하나씩 바닥에 흩어집니다. 마트라도 다녀왔다면 장바구니까지 있겠네요. 식탁 위도 가득 채워집니다. 이제는 옷을 갈아입지 않겠다며 온 방을 돌아다니는 아이를 잡아야 합니다. 외출을 왜 했을까 싶은, 후회가 마구 밀려오는 순간입니다.

남편도 동행했던 어느 외출 이후의 일입니다.

외출을 마치고 집에 오자마자 으레 진행되는 작업을 하고 있을 때였지요. 이제 막 아이의 옷을 갈아입혔을 때인데, 남편이, 아니 이 남자가, 아니 이 인간이 냉장고에서 캔맥주를 꺼내 느긋하게 식탁에 앉아 스마트폰을 보기 시작했습니다. 나는 아이를 챙기느라 이미 지쳐 있던 터여서 언성을 높일 기운조차 없었지요. 홀짝홀짝 맥주를 들이켜는 이 인간 앞에서 겨우 마음을 추스른 채, 나도 정리하기를 멈추고 캔맥주를 집어 들었습니다.

며칠 뒤, 동생네 부부와 티타임을 갖던 중에 이 에피소드를 이야기했습니다. 어떻게 그 상황에서 그런 행동을 할 수 있는지 물었지요. 하지만 동의를 얻기는커녕 비슷한 표정의 두 남자에게서 상상도 하지 못한 답변을 들었습니다. 요점은 이랬습니다. 그게 왜 질문인지 모르겠다, 어차피 저녁을 먹으면 식탁을 쓰게 될 것이고, 그렇다면 그때 자연스럽게 식탁을 치우게 될 것인데, 왜 굳이 집에 들어오자마자 치워야 하느냐.

당신들은 정녕 어느 별에서 오셨나요? 어떻게 우리는 지구에서 만나 같이 살게 되었나요?

〈워싱턴포스트〉 기자 브리짓 슐트가 쓴 《타임 푸어 Time Poor》를 읽어보면, 저자 역시 남편과 비슷한 내용으로 다투는 장면이 나옵니다.

"집안일을 다 나한테 맡겨놓고 그렇게 빈둥거릴 수 있는 거야?" 남편은 내 눈높이가 너무 높다고 되받아쳤다. "당신은 만화에 나오는 마지 심슨이랑 똑같아. 그 여자는 집이 불타고 있는데도 싱크대에 더러운 접시가 있는 걸 못 참아서 설거지를 하고 있었잖아." 남편은 이런 말도 곧잘 했다. "남자들은 지저분한 데서도 잘만 살아."

순간 깨달았습니다. 그저 눈에 보이는 '해야 하는 일'에만 너무 집중하며 시간을 보내는 것은 아닌가 하고요.

엄마가 된 후, 행여 걸음마도 제대로 하지 못하는 아이가 다치지 않을까 하루 종일 정리 태세를 갖추던 적이 있었습니다. 위험 요소가 없는 환경을 만들어주기 위해서였지요. 그런데 아이가 어느 정도 자라서 스스로 신경을 쓰는 시기가 되어도 나는 늘 청소 중이었습니다. 빨래 중이었고, 설거지 중이었어요. 아이를 위협하는 위험 요소가 있는 것도 아니고 당장 해야 할 필요가 없는 상황인데도 말입니다. 다른 가족 구성원들은 내가 청소를 했는지, 설거지를 했는지조차 인지하지 못하는 상황인데도 말이지요.

스스로 나의 순위를 뒤로 미루고, 내가 하고 싶은 일의 중요도를 낮게 잡고 있다는 것을 깨달았습니다. 하지만 우선순위는 내가 결정하는 거잖아요.

해야만 하는 집안일이 아닌, 중요한 일인 일기 쓰기를 우선순위 앞에 놓아주세요.

피아노 악보의 동그라미

의도적인 성실함

아이가 피아노를 배우기 시작했습니다. 제가 치던 피아노로 집에서 연습을 합니다. 옛 생각에 젖어 어린 시절 배우던 피아노 악보를 넘겨보니, 군데군데 동그라미들이 보입니다. 동그라미는 악보 하나에 최소 5개부터 많게는 30개까지 그려져 있고, 각 동그라미의 가운데마다 기다란 작대기가 그어져 있습니다. 동그라미의 수는 내가 얼마나 연습을 했는지를 시각적으로 증명하던 수단이었지요.

레슨 중 부족하다는 판단이 들면 선생님은 어김없이 악보 상단에 동그라미를 그렸습니다. 그러고는 다음 레슨까지 동그라미 수만큼 연습을 해오라고 시키셨지요. 집에서 연습하는 시간보다 친구들과 밖에서 놀기 좋아했던 어린 저에게 몇 개의 동그라미를 받느냐는 큰 관심거리였습니다.

전반적으로 피아노 연습 시간을 좋아하긴 했지만, 어디까지나 스스로 원해서 자발적으로 연습할 때에 한해서였습니다. 혼자 연습을 하다가도 유독 손가락이 잘 움직이지 않는 부분이 생기면 '알아서' 더 연습했습니다. 스스로 그렇게 할 줄 알았습니다. 그런데 선생님의 연필이 끊임없이 동그라미를 그려대는 날이면, 집에 도착하자마자 그대로 악보를 집어던지고 싶어졌습니다. 괜히 청개구리가 되고 싶었지요.

동그라미 하나에 연습 시간이 5분가량 소요되는 경우에는 동그라미 10개면 한 시간이 그냥 지나갔습니다. 당연히 힘들었습니다. 하지만 감히 딴생각은 해본 적 없었던 순수한 어린 시절이었습니다. 그러던 어느 날이었습니다. 연습을 하다 보니 동그라미 3개만 체크했을 뿐인데도 어느 정도 원하는 수준에 도달했다는 느낌이 왔습니다. 그런데 수십 분이나 더 시간을 '낭비'할 수 없었지요. 두근두근 떨렸습니다. 재빨리 나머지 7개 동그라미도 체크하고는 악보를 덮었습니다.

다음 레슨 때, 무사히 그 곡을 끝내고 다음 곡으로 넘어갔습니다. 선생님이 정해준 연습 할당량보다 훨씬 적게 연습했는데도 진도가 나간 것이었습니다. 이거 뭐, 쉬웠습니다. 또 하고, 또 했지요. 이렇게 얼마큼 시간이 흘렀을까요. 하루는 레슨이 끝나갈 때쯤, 선생님이 악보에 동그라미를 열심히 그리며 말씀하셨습니다.

"동그라미 수가 예전보다 훨씬 많아진 것 같지 않아? 이 중 3분의 1 정도만 연습하는 거 아니까 이러는 거다."

자부심 넘치는 기억만큼, 부끄러운 기억 또한 아주 선명하게 떠오릅니다. 선생님에게 이 말을 들었을 때의 기억도 마찬가지입니다. 차라리 혼내면서 말씀하신 거라면 그나마 나았을 텐데, 웃으면서 그러시니 더 부끄러웠습니다.

성실함의 시간이 당시 내가 생각했듯 정말 낭비의 시간이었을까요?

물론 얄미울 만큼, 성실함과는 상관없이 타고난 재능으로 내 시간을 빼앗아 가는 듯한 존재가 분명 있습니다. 내 잘못이 전혀 없는데도, 얄밉기 그지없는 타고난 사람들과 나를 비교하며 성실함을 부끄럽게 여긴 적도 있었습니다. 그래서 더 낭비라고 생각했는지도 모르겠어요.

성실함을 그 일에 투여한 시간의 양이라고만 생각해서 그런 것은 아니었나 싶기도 합니다. 수많은 시간을 할애하며 노력을 쏟아부었는데 결과물 수준이 남들보다 낮을 경우, 그때만큼 자신감이 떨어지고 무기력해지는 적도 없거든요. '이럴 바에는 차라리 노는 게 나았겠다'라는 생각이 들었다면, 그 시간은 낭비의 시간이 맞는 것 같긴 합니다.

그런데 성실함은 들인 시간의 양으로만 평가하는 것이 아니었습니다. '성실하다'의 의미는 '정성스럽고 참되다'라는 뜻이니 말입니다. 얼마나 그 시간을 정성스럽게 보냈는지가 성실함을 말해줍니다. 내가 들인 시간이 남들보다 길었는데, 그 시간 동안 모두 성의 있고 충실했다면 서로 비교할 것은 없지요.

어쩌면 성실함은 나보다 상대방이 먼저 아는 것이라는 생각도 듭니다. 내가 얼마큼 연습했는지는 당연히 나도 알지만, 상대방이 더 잘 알 수 있습니다. 매일매일 연습하며 조금씩 성장하는 내 실력은, 옷이 물에 스며들 듯 조심조심 늘어가는 탓에 스스로 알아채기 힘듭니다. 하지만 매 순간 나와 함께하지 않는 타인이야말로 시차를 두고 내 실력의 변화를 대하는 만큼 연습의 정성, 즉 성실함과 비례하는 차이를 크게 느낄 수밖에 없지요. 나의 어린 시절, 선생님이 나를 보고 알았듯이 말입니다.

나도 조금만 연습해도 이 정도 할 수 있다는 SNS용 자랑거리를 찾으려 노력하기보다는, 더 크게 발전할 기회를 스스로 버리고 있진 않은지 경계해야 했습니다.

성실함이 실행하기 어려운 것이라고 느껴진다면, 악보가 아닌 것에도 동그라미를 그려보고자 합니다. 다음번 레슨이 정해진 것도 아니기에, 동그라미를 빨리 체크해나갈 필요도 없고, 덕분에 조급해하지 않아도 됩니다. 보여주기용 목표도 아니므로 들킬까 봐 조마조마하며 몰래 동그라미를 체크할 필요도 없고요. 게다가 자발적으로 내가 그리는 동그라미인 만큼, 즐겁게 보낼 수 있는 연습의 시간입니다.

일기 쓰기도 이렇게 의도적인 성실함이 필요한 행동 아닐까요? 누군가에게 보여주기 위한 동그라미가 아닌, 정성스럽고 참된 시간을 보내기 위한 동그라미가 필요하다면 기분 좋게 그려봅시다. 10개, 20개, 아니 더 많이요.

나에게 꼭 필요하다고 생각되는 '생활 습관'을 적어보세요.

Chapter 6

과연 변화가 오기는 할까?
위기가 왔다!

그만두지 않기 위한 '마음 습관'

나는 평균적인 사람이 아닙니다

비교는 금물

일기를 하루 이틀 쓴다고 해서 드라마틱한 변화가 오지는 않을 것입니다. 지금의 내가 원하는 나로 성장하기까지는 지난한 시간이 걸릴 수도 있지요. 나를 찾기 위함이라는 목표를 가지고 일기를 쓰지만, 시간이 꽤 지난 것 같은데도 여전히 제자리걸음 같다면 당연히 힘들 것입니다.

그런데 아이를 키우면서 가장 많이 듣게 되는 단어가 있습니다. '속도'입니다. 누구에게나 자신만의 속도가 있기 때문에 조바심 내지 말고 내 아이를 지켜봐야 한다고 말이지요. 아이의 속도에 맞춰야 한다는 것을 머리로는 잘 알면서도, 지켜보는 속은 부글부글 끓고 답답하기만 합니다. 게다가 엄마들끼리 듣는 다양한 정보에, 같은 반 친구들이 어느 학원을 다니는지, 무슨 문제집을 푸는지까지 더해지면 덩달아 마음이 급해집니다. 우리 애만 뒤처지는 것 같은 불안함은 곧 화로 연결되지요.

'속도'를 언급할 수 있는 분야는 다양합니다. '얼마큼 철이 들었는가' 같은 정신적인 성장에도, '키와 몸무게는 얼마나 늘었는가'라는 물리적인 성장에도, 그리고 '얼마나 배우고 있는가'라는 학습적인 성장에도 '속도'라는 단어를 붙일 수 있지요. 그런데 많은 엄마들이 아이의 속도를 말하면서 학습적인 부분에만 주로 신경을 씁니다. 학습적인 부분이 비교하기 쉽기 때문인 것 같다는 생각이 들었습니다. 점수가 나오고, 반이 바뀌고, 학원 이름이 바뀌니까요. '속도'와 '평균', '내 아이'라는 세 가지 요소가 엄마 마음대로 맞물리지 않으니 속상할 수밖에요.

모든 엄마가 같은 고민을 한다는 것은 제각기 다른 자기 아이의 속도를 남들과 '비교'하고 있기 때문입니다. '비교'하기 때문에 화가 나는 것입니다.

일기를 쓰면서도 당장의 변화가 없다며 조바심을 낸다면, 아이에게 그랬듯 나에게도 '속도'와 '비교'를 적용하고 있기 때문일 것입니다. 그리고 또 하나가 더 있습니다. 바로 '평균'입니다. 학교를 졸업하고 어느 정도 사회생활 경험이 쌓인 우리 엄마들은 평균에 익숙합니다. 이 사회가 얼마나 평균에 민감한지도 잘 알고 있지요. 평균에 맞춰진 사람이야말로 '정상'이라고 여기잖아요. 그래서 자연스럽게 자신 또한 평균 집단에 넣으려고 합니다.

일기 쓰기에 권태기가 온다면, 비교하지 않기와 평균에서 벗어나기를 연습해보세요. 일기를 쓰면서 연습해보세요. '내가 변할 수는 있을까?'라고 생각하며 멈춘다면, 나 자신을 보듬는 일도 함께 제자리에 머물게 됩니다.

일기를 쓰며 나를 잘 알게 되면, 평균과의 비교를 거부하는 당당함이 생깁니다. 나는 나니까요.

성공에 크기가 있을까요?

우리는 이미 작은 성공자

누구나 인정할 만한 업적을 이룬 것도 아니면서, 조언을 한다거나 누군가에게 도움을 주기 위한 글을 쓴다면 관심을 보이는 사람이 있기나 할까요? 현실적으로 말도 안 되는 일입니다. '성공'이라는 결과물도 없으면서 어떤 에피소드, 어떤 교훈을 말할 수 있을까요?

누구나 성공한 사람의 이야기를 듣고 싶어 합니다. 소위 '큰 성공'을 이루어야 누군가에게 도움이 되는 조언을 할 수 있다고 생각하지요. 그래서인지 서점에 즐비한 자기계발서들은 누구나 감탄사를 연발하게 하는 큰 성공자의 이야기를 담고 있습니다. 이런 책들은 언제나 베스트셀러 혹은 스테디셀러로 장기집권 중이지요. 하지만 그들의 성공 스토리와 성공 비법들이 모두 세상에 공개되었는데도, 우리가 흔히 생각하는 기준의 성공자들이 소수인 데는 이유가 있는 것 같습니다.

저도 자기계발서를 참 많이 읽은 사람 중 하나입니다. 특히 사회에 첫발을 내디뎠던 20대 때의 책장은 온통 자기계발서로 가득했지요. 나의 고민은 '당장' 해결되어야만 했습니다. '무엇을 하라' 혹은 '며칠 만에 완성되는' 시리즈에 손을 뻗을 수밖에 없었습니다. 그런데 점점 자리를 더 많이 차지해가는 자기계발서가 명쾌한 해답을 제공하지는 못했습니다. 해결책을 향한 갈증은 여전했고요.

어쩌면 나에게 필요한 해답은 커다란 성공에서 찾을 수 있는 게 아니었는지도 모릅니다. 그들의 상황과 내 상황이 다른 만큼, 그들의 고민과 내 고민 역시 달랐겠지요. 해결할 수 있는 방법도 달랐을 것입니다. 나에게 필요한 멘토는 큰 성공을 이룬 사람이 아닌 주변의 지인일 수도 있었던 것입니다.

사실 '꼰대'의 잔소리만 아니라면, 누구나 자신이 느꼈던 생활 속 아주 사소한 '아하' 포인트를 다른 사람들에게 전달해줄 수 있습니다. 자신만의 '아하' 포인트가 특별한 것이 아닐 수도 있어요. 하지만 내가 겪은 사례가 누군가에게 도움이 되는 경험담으로 다가갈 수 있다면, 큰 성공을 이룬 셀러브리티의 조언 못지않게 큰 의미가 될 수 있습니다. 오히려 적용하기도 쉽고 진짜로 필요한 것일 수도 있을 거예요.

우리 모두 하루하루 작은 성공을 위해 고군분투하고 있는 엄마입니다. 하루에도 몇 번씩, 엄마이면서 나로 사는 인생이 공존할 방법을 고민하고 있습니다. 하지만 무언가 이루어놓은 것 없이 정체된 느낌입니다. 딱히 내세울 만한 결과물도 없는 것 같지요. 크게 성공해서 반짝이는 조언을 해줄 수 있는 입장은 아닌, 그저 '준비의 시간'을 보내고 있을 뿐이라는 생각입니다.

준비의 시간이 언제 끝날지는 모릅니다. 준비의 시간이 언제부터 시작되었는지도 모르고, 끝이라고 말할 수 있는 기준도 모릅니다. 하지만 나를 바꿔놓은 일들은 분명히 있었어요. 작지만 의미 있는 발자국을 몇 걸음이나 걸었지요.

나만의 작은 성공담이 모여 작은 실천으로 이어지고 그 작은 실천들이 쌓인다면, 번쩍이는 스포트라이트를 받는 큰 성공자가 되지는 못하더라도 작은 성공자는 될 수 있지 않을까요? 스스로 인지하지는 못한다 하더라도, 나의 행동이 누군가에게 긍정적인 영향을 끼치고 있다면 이미 작은 성공자입니다. '성공자'라는 단어가 그렇게 어려운 의미만은 아닌 것 같아요.

큰 성공자를 목표로 둔 적도 없습니다. 어제보다 오늘 조금 더 커진 작은 성공자가 될 수 있다면, 큰 성공자는 작은 성공자로서 내공을 깊게 쌓은 이후에 목표로 삼아도 늦지 않을 것 같습니다.

멈추지 말고, 일기를 쓰면서 내가 작은 성공자임을 매일 확인할 수 있다면 좋겠습니다.

풍요롭게
나이 들고 싶습니다

내가 되고 싶은 할머니

약속이 있어서 판교역에 내렸습니다.

자주 가는 곳은 아니다 보니, 판교역에 내려 버스 타는 곳을 찾기란 매번 어려웠습니다. 검색을 해보면 버스로 고작 몇 정거장만 가면 되는 거리인데, 내가 원하는 버스를 타는 정류장이 어디에 있는지 항상 헤매곤 했지요. 그날도 이리저리 방황하다 급하게 택시를 잡았습니다.

"N 건물로 갈게요. 앗, 저쪽에 있구나!"

택시 뒷좌석에 앉아 목적지를 이야기하자마자 창밖으로 약속 장소를 발견하고는 혼잣말을 하던 중이었습니다. 백발의 뒷모습이 눈에 들어왔지요. 수도 없이 택시를 타면서 할아버지 기사님은 많이 만났지만 할머니, 그것도 백발의 할머니 기사님은 처음 만났습니다.

백발의 머리를 세련되게 관리하시는 것으로 보아 기사님은 그동안 생각해오던 '할머니' 이미지와는 다른 분일 것 같았습니다. 할머니 기사님의 첫마디는 역시나 달랐습니다.

"가까운 거리지. 카카오 자전거 타지 그랬어."

"카카오 자전거가 뭐예요?"

할머니는 백미러로 내 얼굴을 힐끔 쳐다보더니, 진심으로 궁금한 목소리로 이렇게 물었습니다.

"지금 연기하는 거지?"

짧지만 강렬한 이 질문에 왜 그렇게 창피한지, 정말이지 백미러에 비치지 않는 자세로 고쳐 앉고 싶어졌습니다. 카카오 자전거를 진짜 모른다며 말끝을 흐리자, 할머니가 카랑카랑한 목소리로 이렇게 말했습니다. 아, 미리 변명하자면, 제가 카카오 자전거를 몰랐을 이 당시는 카카오 자전거가 지금처럼 아무 데서나 볼 수 있는 그런 때가 아니었습니다. 일부 지역에서만 운영되던 서비스였어요.

"앱 깔아. 내 주변 어디에 카카오 자전거가 있는지 다 확인할 수 있어. 타고 아무 데나 내려놓으면 돼. 30분에 천 원

이야. 저녁에는 카카오에서 다 수거해 가는 것 같더라고. 충전을 해야 한대. 그게 다 전기야."

할머니 기사님과의 5분도 채 되지 않는 대화 속에서 두 가지 충격을 받았습니다.

첫 번째는 같은 나라에 살고 있어도 신세계를 경험하는 듯한 IT 서비스의 발달이었습니다. 아무 곳에나 자전거를 놔둬도 다음 사람이 찾을 수 있다니, 그 편리함이 너무나 신선했지요. 그리고 두 번째는 첫 번째보다 더 큰 충격이었는데, 할머니에게 앱을 깔라는 충고를 듣고 새로운 기술을 소개받았다는 점이었습니다. 차가 잠시 정지할 때면, 빨간색 스테인리스 컵에 담긴 차를 우아하게 마시던 할머니에게서 말입니다. '아이 키우느라 바빠서 몰랐어요', '이제는 나이가 들어서 몰라요' 같은 변명은 입 밖으로 꺼낼 수도 없었어요.

순간, 이런 생각이 들었습니다. 나도 이런 할머니가 되고 싶다고 말이지요.

한동안 아침 시간을 낭비하지 말자는 결심으로 주 5일의 오전을 매일매일 영어와 수영으로 채우던 적이 있었습니다. 그런데 어찌된 영문인지, 평일 오전 10시부터 내가 만나는 분들은 모두 '어르신'들이었어요. 지금까지 살아오면서 이렇게 많은 '어르신'들을 만난 적이 또 있었을까 싶을 정도였지요. 또래 엄마들이 모두 어디에서 무엇을 하고 있는지 궁금할 정도였습니다. 손주들 등원시키고 수영 배우러 오시는 노부부, 남는 건 건강뿐이라며 뒤늦게 수영에 입문하신 할머니도 계셨고, 영어 프리토킹 클래스에는 60대 후반이신 분이 세 분이나 계셨습니다. 저를 제외한 막내분은 쉰을 바라보고 있었지요. 그리고 그들의 영어 실력은 매우 뛰어났습니다. 저 나이에 저 수준을 유지하기 위해 얼마나 공부를 하셨을까 싶었습니다.

처음에는 수영도 영어도 '어르신'들로만 구성된 곳에 잘못 왔나 보다 했습니다. 하지만 몇 번 거르지 않고 참석하다 보니, 여기서도 판교의 할머니 기사님을 만났을 때와 같은 진지한 고민거리가 생겼지요.

'나는 어떻게 나이를 먹을 것인가?'

그리고 그분들에 대해 한 가지 결론을 내릴 수 있었습니다. 젊었을 때부터 배움에 익숙한 분들이었다는 것을 말입니다. 성장의 경험을 해본 사람들은 나이가 들어서도 성장이 낯설지 않고 자연스러울 것입니다. 성장의 짜릿함을 알고 있기에 계속 배우고 싶을 거라는 생각이 들었지요.

나도 그렇게 풍요롭게 나이 들기 위해 배움에 익숙해지고 싶었습니다. 멈추지 않는 성장을 하고 싶었고, 과정을 즐기고 싶었지요. 그러기 위해서는 먼저 '그만두지 않아야' 한다고 생각했습니다. 물론 하루 이틀 혹은 몇 주 쉬게 될 수는 있겠지요. 하지만 '습관'이라는 단계에 오르게 되면, 언제든 다시 돌아올 수 있다고 생각합니다.

가끔은 오랜 기간 엄마 일기가 쓰기 싫어질 때, 일기를 계속 이어가기 위해 판교에서 만난 할머니 기사님을 떠올립니다. 또 60대에도 유창한 영어 실력을 뽐내던 분들을 생각합니다. 나를 돌아보는 일기 쓰기조차 그만둔다면 다른 것도 마찬가지가 될 테니까요.

어차피
최초는 내 것이 아닙니다

최초가 아닌 최고

'영재'라는 단어를 이렇게 많이 들어본 적도 없는 것 같습니다. 아이가 더 이상 사교육의 세상을 피해 가기 어려운 나이가 되자, 여러 학원들과 교육 매체들이 '영재'라는 키워드로 던지는 메시지를 무시하기 어려워졌거든요.

모든 아이들이 영재 준비에 한창이었습니다. 가끔은 그 흐름에 발을 담그기도 했고, 때로는 중심을 잡아야 한다며 귀를 닫기도 했지요. 하지만 흔들리는 마음은 어쩔 수 없었습니다. 발을 담그면 담글수록 눈에 띄는 부족한 점들에 불안해졌고, 귀를 닫으면 닫을수록 보폭 넓게 뛰고 있을 아이들 생각에 불안했습니다.

'사교육은 절대 안 시키겠어'라는 허황된 다짐은 하지 않습니다. 저 역시 아이가 뒤처지기를 바라지 않는 평범한 한국의 엄마인 만큼, 중간은 가기를 바라며 '본격적인' 사교육 버스에 언젠가는 올라탈 것입니다. 지금은 속도 느린 트랙터에 탔다고나 할까요.

'영재'라는 표현은 부모들의 마음을 흔드는 단어입니다. 우리 아이가 뛰어나다는 증명인 셈이거든요. 부모들은 내 아이가 영재라는 확인을 가능한 한 빨리 하고 싶어 합니다. 그래서 아이들은 초등학교도 들어가기 훨씬 전부터 지능 검사나 테스트를 받습니다. 영재원에 다니는 것도 부모의 훈장처럼 여겨져요.

그런데 꼬마 영재들이 성장하면서 계속 영재라는 타이틀을 달고 살지는 않습니다. 마음이 자라는 만큼 방황의 시기도 거치고 잠시 쉬어가기도 해요. 누군가는 다시 영재의 자리에 올라서고, 누군가는 중압감을 견디지 못하고 주저앉습니다.

부모 입장에서 영재를 바라보는 시선은, 그래서 장기전이어야 한다고 생각합니다. 내 아이가 끝까지 영재이기를 바라는 것이 부모 마음이지, 어릴 때 영재였다며 과거형으로 회상하고 싶지는 않잖아요. 중요한 것은 빨리 영재가 되었다는 '시기'의 문제가 아니라, 결국 최고의 자리에 올라섰다는 '결과'인 것 같아요.

이렇게 아이를 키우면서 새삼 생각하게 된 것은 '최초가 아닌 최고'입니다.

지금 일기를 쓰고 있는 것은 어떤 의미에서도 '최초'가 될 수 없습니다. 새로운 다짐이라는 뜻은 품을 수 있겠지만, 일기 쓰기는 비교의 대상도 아니거든요. 대신, 일기 쓰기로 '최고'를 꿈꿀 수는 있습니다. 일기 쓰기는 더 나은 나를 만들기 위한 시도니까요.

그래서 잠시 쉬고 싶을 때, 도대체 무슨 변화를 찾기 위해 이렇게 매일 일정 시간을 쏟아붓고 있나 싶을 때, 과연 원하는 내적 성장을 얻을 수 있을까 의심이 들 때, '최고'를 떠올려봅니다. 더 나은 나를 만들 수 있다면, 최고의 나도 만들 수 있다는 믿음도 가지게 되지요. 더 나은 내 모습을 꾸준히 계속 이어가기를, 그리고 훗날 내 인생을 돌아봤을 때 최고의 모습으로 마침표를 찍을 수 있기를 바랍니다.

어차피 최초는 내 것이 아닙니다. 아이를 키우는 어른의 입장에서 어떤 분야에서 최초를 기록하기에는 이미 시기적으로 늦었습니다. 그래서 최초가 아닌 최고가 되기를 꿈꿉니다. 덕분에 일기 쓰기에 위기가 오더라도 다시 마음을 잡을 수 있게 됩니다.

스트레스로 두근거립니다

잘 해내고 싶은 욕심

스트레스가 많은 편이었습니다. 성격이 예민하기도 했고, 도움을 요청하기보다 혼자서 끙끙대는 스타일이었지요. 평소에도 늘 어느 정도의 스트레스를 안고 살았고, 스트레스가 심할 때면 몸이 아프기도 하고 피부도 엉망이 되곤 했어요. 피부 트러블이 심해지면 거울을 볼 때마다 스트레스가 추가로 더해져, 악순환의 굴레를 벗어날 수가 없었습니다.

나이가 들면서 마음의 폭도 확장됨에 따라 '스트레스가 많은 편'이라는 스트레스에서 조금씩 벗어나고 있습니다. 아이를 키우면서 뜻대로 진행되지 않는 상황 때문에 육아 초반에는 사회생활을 할 때만큼이나 큰 스트레스를 받기도 했습니다. 하지만 엄마는 아이 인생의 조력자일 뿐 통제하는 사람이 아니라는 명제를 되뇌기 시작하면서 육아 스트레스도 조금씩 내려놓는 중이었지요.

하나둘씩 스트레스를 거둬내는 가운데 없던 스트레스가 하나 추가되었습니다. 일기 쓰기를 시작한 지 몇 개월이 지나자 일기 쓰기 자체가 스트레스로 다가온 것입니다. 일기를 쓰기 시작한 것은 나 자신과 맺은 큰 약속이었습니다. 몇 번 하다가 관둘 거라면 시작도 하지 않겠다고 생각했지요. 나이가 들수록, 게다가 엄마로서 책임감이 커질수록 약속을 하는 것도 신중해야 한다고 생각했어요. 약속을 깨는 것은 자존심에 금이 가는 행동인 것 같았습니다. 아무에게도 알리지 않는 '나 혼자만의 약속'이라고 쉽게 여긴다면, 스스로가 그만큼 가벼운 사람인 것만 같았습니다. 이렇게 일기 쓰기에 심각한 의미를 부여하고 있었으니, 일기 쓰기가 슬금슬금 스트레스로 다가오기 시작한 것이었지요.

일기를 꾸준히 쓰자고 다짐을 했어도, 365일 하루도 빠짐없이 쓰는 것은 사실 불가능합니다. 어떨 때는 새벽에 쓰기도 하고, 점심때 짬을 내서 쓰기도 합니다. 내가 아프다거나, 아이가 아파 뜬눈으로 밤을 지새운다거나, 시한이 촉박

한 일을 앞두고 있다면 하루 이틀은 건너뛰는 상황이 생길 수밖에 없습니다. 그런데 이것을 '실패'라고 여겨 스스로에게 무리한 잣대를 들이대니, 성장을 위해 쓰는 일기로 오히려 자괴감에 빠지고 마는 것입니다.

그러던 중 독서 모임에서 읽게 된 책, 캘리 맥고니걸의 《스트레스의 힘》에서 스트레스에 대한 몇 가지 의미 있는 글을 접하게 되었습니다.

과거의 힘든 노력과 도전에 대해 생각한 시간이 소중하듯 미래에 대한 걱정으로 소비한 시간조차 의미 있었던 것이다. 연구원들이 내린 결론에 따르면 의미 있는 삶을 사는 사람들은 비교적 의미 없는 인생을 사는 사람들에 비해 더 많이 걱정하고 더 많이 스트레스를 받는다.

우리는 중요하게 생각하지 않는 대상에 대해서는 스트레스를 느끼지 않는다. 결국 인생이 의미 있으려면 반드시 스트레스를 경험해야만 하는 것이다.

그래서 스트레스에 대한 정의를 바꿔보기로 했습니

다. 의미 있는 삶을 사는 사람들이, 비교적 의미 없는 삶을 사는 사람들에 비해 더 많이 걱정하고 더 많이 스트레스를 받는다고 하잖아요. 물론 스트레스도 각자의 성격에 달린 것임에는 분명합니다. 하지만 중요하다고 생각되는 일을 하고 있기에 스트레스를 받는 것 역시 분명한 사실이거든요. 게다가 이 책 중 '스트레스의 역설'이라고 언급된 부분에서는 "행복한 삶이란 스트레스가 없는 삶도 아니며 스트레스 없는 인생이 행복을 보장해주지도 않는다"라고 말합니다.

중요한 일을 잘 해내고 싶기 때문에 스트레스를 받는 것이라고 생각해보았습니다. 지난 시간을 돌이켜봤을 때, 스트레스를 통해 변화하고 배워가고 성장해나갈 수 있었다는 것도 부인할 수 없는 사실이거든요.

그래서 스트레스를 삶의 '무게'가 아닌 '두근거림'으로 느껴보면 어떨까 싶었습니다. 스트레스는 내가 꿈을 꾸고 있고, 그 꿈을 진짜로 실행에 옮기고자 하는 의지가 있다는 증거이기도 하니까요.

만약 일기 쓰기를 이어가는 일이 일기를 쓰던 초기의 저처럼 스트레스로 다가온다면, 이 사실을 기억해주세요. 내 마음속에 잘 해내고 싶은 의지가 있다는 뜻이라는 것을요.

나에게 꼭 필요하다고 생각되는 '마음 습관'을 적어보세요.

Chapter 7

엄마 일기,
그 후

엄마 일기를 쓰면서 생긴 변화

더 이상
불안하지 않습니다

엄마 일기를 쓸 때마다 스스로 어떤 사람이 되기를 희망하는지 주문을 외웁니다. 일기의 처음과 중간 부분은 매번 다른 이야기들로 채워지지만, 끝부분은 늘 '나를 표현하는 문구'라는 주문으로 마무리를 짓게 되거든요. 같은 문구를 반복해서 외우는 습관은 가끔 희망 사항이 이미 이루어진 것 같은 느낌을 주기도 합니다. 종종 우울한 기분이나 힘든 일이 며칠이나 지속되는 경우가 있습니다. 그럴 때면 일기를 쓰는 시간이 아니더라도 조용히 그 주문을 입으로 말해보기도 합니다. 생각만 하기보다는 말도 하고 듣기도 하며 주문의 힘이 더 커지는 상상을 하는 것이지요.

이렇게 나를 자랑스럽고 대견하게 바라보는 시선의 틀을 잡아갔습니다. 얼마 지나지 않아 어벤져스라도 된 것마냥 나에 대한 자신감이 하늘을 찌를 듯했지요.

그럼에도 불구하고 흔들리는 때는 분명히 오고야 맙니다. 한 번도 아니고 여러 번 말이지요. 매일 일기장에 주문을 외웠던 지난 시절들이 야속할 만큼 말입니다. 다시 마음을 가다듬고 일기장 앞으로 나를 이끌기까지는 예상보다 오랜 시간이 걸리기도 했습니다. 하지만 그렇게 긴 패턴을 몇 차례 이어가다 보니 감사하게도 지금은 오뚝이가 되었습니다.

엄마 일기를 쓰며 마음을 가다듬기 전에는, 마음이 한번 흔들리기 시작하면 나도 모르게 누군가를 따라가고 있었습니다. 무엇을 해야 할지 갈피를 잡지 못하면 불안한 마음이 지속될 수밖에 없잖아요. 그래서 뭐든 해야겠다 싶을 때 눈에 띄는 것에 관심을 갖는 거지요. 그렇게 잠시나마 불안에서 벗어날 수는 있었지만, 정신을 차리고 난 이후에는 더 큰 불안이 기다리고 있었습니다. 원래 서 있던 곳으로 돌아가기에는 너무 멀리 와 있기 때문이었어요.

하지만 지금은 '중심'이 있습니다. 아무리 건드리고 힘차게 밀어도 금세 중심을 잡고 똑바로 자세를 잡는 오뚝이처럼 제자리를 찾습니다. 중심을 잡을 수 있게 되어 가장 좋은 점은 흘려들을 줄도 알고 받아들일 줄도 알게 되었다는 것입니다. 누군가의 비난에 일희일비하지 않게 되자 마음도 편안해졌습니다. 당연히 나에 대한 상대방의 평가는 틀릴 수도 있으니까요. 내가 못하는 것을 지적하는 상대방의 말을 인정할 수밖에 없다고 해도 크게 의기소침해지지도 않습니다. 어차피 나는 모든 것을 다 잘하는 사람이 아니니까요. 잘하는 것이 있듯 못하는 것이 있다는 것도 당연하게 여길 수 있게 되었으니까요.

잠시 방황을 했다 하더라도 돌아갈 지점을 압니다. 평소에는 지나간 일기장을 잘 들춰보지 않지만, 일기를 쓰지 않은 시기가 꽤 길어지면 과거의 아무 페이지나 펼쳐봅니다. 마지막 부분은 언제나 비슷합니다. 그 부분을 다시 읽으면서 잠시 머릿속을 떠나 있었던 나의 중심을 불러옵니다.

이제는 불안하지 않습니다.

2019년 9월 22일 일요일

당당하고 자신 있는 삶을 꿈꾸는 머리와 달리 남들의 시선을 많이 의식하고 있는 내 모습을 종종 발견합니다. 많은 옵션 중 무엇을 선택해야 할지 갈피를 못 잡기도 하고, 표정에 불안함이 나타나기도 하지요.

그런데 우리가 알고 있는 유명한 사람들, 당당한 사람들은 불필요한 시선에 시간을 소비하지 않습니다. 스스로에게 자신 있고 당당하다면, 그리고 긍정적인 에너지로 가득 차 있다면, 걱정하는 시선이 내게 올 리가 없습니다. 당당하고 자신 있는 사람들은 물론 시샘도 받겠지만 주변의 기대치와 응원을 받아 더 당당해지지요.

마인드에서도 빈익빈 부익부가 존재하는 것 같습니다. 좋은 마음의 상태를 지속적으로 붙잡아놓는 일은 어려울 테지만, 그것을 지켜나가는 것이야말로 능력이고 힘일 테지요. 그 능력과 힘을 기르기 위해 일기를 씁니다.

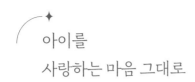

아이를
사랑하는 마음 그대로

결혼한 후 몇 년이 지나도록 엄마가 되지 않고 있던 내게 한 선배가 이런 이야기를 해주었습니다.

"부모가 되어서 좋은 점 중 하나는 나의 세대뿐 아니라 아이의 세대도 경험해볼 수 있는 거지."

당시에는 어서 빨리 아이를 가지라는 기성세대 어른들의 잔소리로만 들렸습니다. 하지만 나 또한 기성세대가 되어서일까요. 지금은 충분히 이해가 되는 '주옥같은 명언'으로 느껴집니다. 자신이 어렸던 시절을 되새기며 아이를 키우는 것이 때로는 무모해 보일 정도로 시대는 빠르게 변해가고 있고, 가끔은 그 변화가 버겁기도 합니다. 하지만 이해되지 않는 세대를 이해하기 위해 노력하고 있습니다. 아이를 잘 키워 내야 하니까요. 덕분에 몸도 마음도 젊어지려고 신경 쓰게 되었고요.

이런 특별한 경험을 가능하게 해준 아이에게 이제는 더 이상 밤마다 미안한 마음을 품지 않습니다. 곤히 잠든 모습을 보면 여전히 짠하고 안쓰러운 마음이 들지만 마냥 죄책감이 들지는 않거든요. 아이에 대한 불안한 마음도, 비교하는 마음도, 화를 다스리지 못하는 마음도 점점 줄어들고 있기 때문입니다. 엄마가 행복해야 아이에게 행복을 줄 수 있고, 엄마에게 여유가 있어야 아이에게 여유를 줄 수 있고, 엄마가 성장하는 법을 알아야 아이에게도 성장의 길을 열어줄 수 있다는 것을 알았거든요.

일기장을 들춰봐도 알 수 있었습니다. 엄마다 보니 아무래도 아이에 관한 일이 최소한 하나 이상 적힐 수밖에 없는 일기장이 "그때 아이에게 왜 그랬을까?", "나는 왜 더 잘해주지 못했을까?", "내일은 어떻게 달라질 수 있을까?"로 가득 차던 시기가 있었거든요. 거의 반성 일기 수준이었어요. 꼭 잠든 아이의 얼굴을 보지 않아도 눈물이 났습니다. 하지만 어느덧 일기장에는 "아이가 그토록 싫어하던 감기약을 대견하게 잘 받아먹어 감사한 하루였습니다", "유치원 셔틀의 첫 정거장이라 오래 타고 힘들까 봐 걱정했는데, 제일 앞자리에 앉아 친구들을 가장 많이 볼 수 있다고 말하는 아이가 신기하고 고마웠습니다"처럼 아이에 관한 긍정적인 순간들이 등장하기 시작했습니다.

아이가 사랑스러운 순간 혹은 아이의 행동에 감사함을 느끼는 순간을 '발견'하는 마음의 여유가 생긴 덕분이었습니다. 여유란, 나를 찾아온 행복을 받아들이고 즐길 수 있을 때 얻을 수 있는 것 같습니다. 무엇이 나를 행복하게 하는지를 알게 되었기 때문이지요.

하루에 한 번씩 내 마음을 관리하는 시간은 나를 변화시키고 내 주변도 변하게 합니다. 아이를 보며 미안한 마음이 들지 않게 된 것도 일기 덕분이었어요. '엄마가 희생으로 너를 잘 키우겠다'라는 다짐 대신, '엄마 역시 너처럼 계속 성장해야 너를 잘 키울 수 있다'라는 믿음이 생겼으니까요.

나를 알고 이해하면서 자신감이 높아지니, 나를 점점 더 아끼고 사랑하게 되었습니다. 자신을 진심으로 사랑한다면, 다른 사람에게 사랑받지 못할 것을 고민하지 않고 누군가를 마음껏 사랑할 수 있습니다.

미안함이라는 불순물 없이 아이를 사랑하는 마음 그대로 표현하는 것. 엄마 일기를 쓰면서 생긴 감사한 변화입니다.

✦ 내가 좋아하는 것은
내가 지켜냅니다

"내가 너를 키우려고 얼마나 희생했는데!"

이런 식의 말을 드라마에서 혹은 책 속에서 종종 발견하곤 합니다. 엄마가 아이에게 던지는 진부한 멘트 중 하나이기도 하지요. 무엇을 희생했는지를 떠올리면 보상을 받고자 하는 마음이 생겨나고, 거기서부터 드라마의 비극이 시작되더라고요.

아이를 위해 나의 많은 것을 희생하고 있어서 힘들다는 이야기, 직접 아이에게 해본 적 있으신가요? 아직 아이가 어려서 희생이라는 단어를 이해하지 못한다면, 엄마가 너를 키우느라 하고 싶은 것을 하지 못했다는 식으로 풀어서 말할 수도 있을 거예요. 저는 아직 해보지 않았어요. 가끔 아이에게 너무 화가 날 때면 그 말이 목 끝까지 차오르곤 했지만, 입 밖으로 꺼내지는 못했습니다. 엄마가 자신을 원망하고 있다는 느낌을 줄까 봐 걱정이 됐거든요. 내 마음이 아무리 상하는 와중에도 아이의 마음이 신경 쓰이는 것을 보면, 이래서 엄마인가 싶기도 합니다.

그런데 '너를 위한 희생'이라는 말을 내뱉기가 망설여지는 것은, 그 말이 상대방에게 상처가 될 수 있다는 것을 은연중에 알고 있기 때문일 것입니다. 그래서 아이에게 직접 이 말을 하는 대신, 만약에 아이에게 이 말을 한다면 어떤 반응을 보일지 상상해보기로 했습니다.

아이는 엄마에게 고마워할까요? 아니면, 자기 때문에 엄마가 시키거나 부탁하지도 않은 희생을 했다는 사실에 미안한 마음이 들까요? 혹시, 부담스럽게 느끼지는 않을까요?

저는 주로 후자이지 않을까 싶었어요. 내가 만약 다른 사람으로부터 이런 말을 듣는다면, 생각지도 못한 짐을 떠안은 듯한 기분일 것 같았거든요.

엄마 일기를 쓰면서, 내가 어떤 사람이고 무엇을 꿈꾸는지, 어떤 것을 좋아하는지를 발견하면서 나 스스로와 친해지기 시작했습니다. 절대 양보할 수 없는 '나만의 것'도 무엇인지 알아냈고요. 그래서 내가 좋아하는 것은 내가 지켜내기로 했습니다. 아이를 키우기 위해, 혹은 다른 무언가를 위해 나를 희생시키지 않기로요.

내 것을 아끼고 지킨다고 해서 다른 것들이 망가지거나 불행해지지는 않습니다. 사실 엄마이기 때문에 희생해야 한다고 '선택'한 사람은 엄마 자신입니다. 진짜 원하는 것이 있다면 그것을 얻는 방법은 어떻게든 찾을 수 있습니다. 엄마 일기를 통해 나에게 수없이 '왜?'를 질문하며 시간을 쏟게 되면, 시간이 걸리더라도 결국에는 방법을 알게 될 테니 말입니다.

엄마 일기를 쓰는 시간과 책 읽는 시간, 글 쓰는 시간은 저에게 '꼭 지켜야만 하는 나만의 것'입니다. 이 시간을 자발적으로 희생한다면, 나의 몸과 마음도 불만족스러운 상태에서 지치게 될 것입니다. 아이와 가족을 대하는 태도에 부정적인 기운이 나타날 수밖에 없고요.

계획을 세울 때를 떠올려보면 두 가지 스타일이 있는 것 같습니다. 하나는 쉬운 것부터 처리해나가는 스타일, 다른 하나는 쉽지는 않지만 해야만 하는 것부터 시작하는 스타일 말이지요. 아이는 늘 1순위였지만, 1순위도 오랜 기간 반복하다 보니 '쉽지는 않지만 해야만 하는 것'에서 비교적 '쉬운 것'으로 바뀌어갔습니다. 자연스럽게, 그리고 당당하게 1순위에 해당하는 것을 '나'로 바꾸었지요. 하루에 소화해내야 할 일은 한두 가지가 아닙니다. 큰 것도 작은 것도 모두 엄마의 소관인 것들이 많아요. 하지만 1순위의 시간을 먼저 배정한다고 해서 나머지 것들이 홀대받는 것도 아니었습니다. 오히려 가장 비중이 크고 부담스러웠던 1순위 업무를 끝내놓으면, 나머지 일들은 쉽게 해결되곤 했어요.

1순위를 바꿀 수 있을 만큼 아이와 관련된 일이 여전히 익숙하지 않다면, 나를 0순위로 두세요. 확신하건대, 1순위와 0순위는 부딪히지 않습니다. 1순위도 중요하지만 0순위도 놓칠 수 없다는 '마인드'만 있다면, 나의 것들과 주변의 것들을 조율하고 타협할 수 있습니다. 주변 사람들에게 도움을 청하는 것도 가능해요. 하루에 한 시간 정도 집중이 필요한 일이 1순위 일 때문에 어렵다면, 0순위인 나의 일을 하루 30분 내외로 줄이고 목표 달성의 기간을 넉넉하게 잡는 식으로도 할 수 있지. 1순위 때문에 소홀히 하지 않기 위해 아침이나 새벽, 밤으로 시간을 계속 옮겨가며 일기 쓰기도 억척

같이 해냈는걸요.

　이제는 나를 먼저 돌아보고, 나의 것들과 주변의 것들을 조율하고 타협할 줄 알게 되었습니다. 그리고 이것은 마인드의 문제임을 깨닫습니다.

열등감은
스스로 인정하지 않는 한
절대로 생기지 않습니다

"열등감은 스스로 인정하지 않는 한 절대로 생기지 않는다."

미국의 여성 사회운동가이자 정치가인 안나 엘리너 루스벨트의 이 명언은 열등감에 대해 다시 생각해보게 하는 가장 멋진 문구라고 생각합니다. 열등감은 '다른 사람에 비해 뒤떨어졌다거나 능력이 없다고 생각하는 만성적 감정 혹은 의식'이라고 합니다. 이런 열등감은 안나 엘리너 루스벨트의 말대로 내가 인정하지 않으면 존재하지 않을 수밖에 없습니다. 누군가와 비교했기 때문에 생기는 감정이고, 스스로 자신을 깎아내리기에 느끼는 자격지심이니까요. 나를 비교하지 않고 스스로를 비하하지 않는다면 시작되지도 않을 기분입니다.

자신에 대한 부정적인 인식은 누군가가 심어주었든, 스스로 만들었든 내 안에서 뿌리내리는 것입니다. 부정적인 인식은 내가 어떻게 키우느냐에 따라 점점 자라서 커질 수도 있고, 반대로 작아져 없어질 수도 있습니다.

이런 경우도 있을 거예요. 다른 사람에 의해 큰 열등감이 생겨 괴로워하고 있었는데, 막상 그 상대방은 나에게 열등감의 씨앗이 된 말을 했다는 기억조차 하지 못하고 있는 상황 말입니다. 어떤 사람들은 아무리 사소한 것이라 하더라도 자신이 저지른 실수를 오래도록 되뇌곤 합니다. 그리고 그 실수로 인해 자신을 바라보는 타인의 시선이 어떻게 바뀌었을지를 의식하고 걱정합니다. 하지만 대부분 사람들 역시 대체로 자신의 실수를 떠올리고 괴로워하느라 바쁩니다. 다른 사람의 소소한 실수까지 기억할 틈이 없어요.

일기를 쓰면서 나의 하루를 돌아보다 보면, 이따금 몇 날 며칠 이불 킥을 날려도 마음이 진정되지 않는 창피한 실수들이 생각날 때가 있었어요. 생각나는 실수를 계속 곱씹고 일기장에 적을 때마다 실수에 매몰되는 기분이 들더라고요.

그러다 문득 정신이 들었습니다. 실수가 일어난 날은 이미 몇 주가 지났고, 문제가 있던 상황은 이미 정리가 된 지 한참이 지났으며, 당시 함께 일을 겪었던 사람들은 모두 앞으로 나아가고 있는 중이라는 걸 깨달은 거지요. 실수에서 얻은 교훈을 들고 앞으로 나아가야 할 시간이었지만, 마치 내가 저지른 실수가 나를 버리고 떠날까 노심초사하는 것 마냥 붙잡아놓고 있었던 것입니다.

엄마가 된 후 어떻게 나를 잃지 않고 앞으로 나아가야 할지 갈팡질팡하며 또 다른 열등감이 자리를 잡으려 할 때, 일기를 쓰던 중 문득 이 일이 떠올랐어요.

대학생 때의 일이었어요. 일 년간 다른 학교 학생들과 함께 한 기업에서 운영하는 웹진의 학생 기자로 활동하게 되었습니다. 전년도에 활약하던 학생 기자들의 글들을 읽어보며, 그렇게 기획도 인터뷰도 글도 잘 쓰는 사람이 되고 싶었지요. 그런데 학생 기자 활동을 시작도 하기 전, 글도 잘 쓰고 말도 잘하고 똑똑한 동기들 틈 속에서 잘할 수 있을지 무서워졌어요. 이미 학보사에서 경험을 쌓고 있는 언니도 있었고, 훨씬 좋은 대학에서 어려운 공부를 하고 있는 오빠도 있었고, 동갑내기 동기들은 모두 말도 잘하고 생각도 깊어 보였습니다. 게다가 처음으로 작성해서 전달한 인터뷰 기사는 연달아 세 번이나 다시 쓰라는 피드백을 받았어요.

중간고사가 한창 진행 중이던 기간이었습니다. 열등감이 뭔지 제대로 알 것 같았어요. 그런데 시작하자마자 그만둔다면 이 열등감이 내 안에서 제대로 자리 잡을 것만 같았습니다. 제대로 하지도 못할 일에 욕심을 냈다는 식의 말을 듣게 되는 것은 더 끔찍했어요. 며칠간 이어가던 가슴앓이를 끝내야 할 것 같았습니다. 중간고사 한 과목을 포기할지언정 이 열등감을 안고 살아가면 안 될 것 같았습니다.

그렇게 밤을 지새웠고, 원고는 그제야 통과되었지요. 그렇게 끝까지 해보자는 심정으로 일 년을 버텼습니다. 그 순간은 부족할지 몰라도 스스로를 '못 하는 사람'이라고는 생각하지 않으려고 노력했어요. 무슨 수를 써서든 열등감을 밀어내려 하자, 동기들을 대할 때도 편해졌어요. 사회생활을 하면서는 글을 많이 써야 하는 홍보 업무를 하게 되었습니다. 경력 단절로 사회생활은 끝난 줄 알았지만 여전히 글을 씁니다. 에디터로 활동하고, 카카오 브런치에 글을 올리고, 이렇게 책을 쓰고 있어요.

열등감은 언제든 다른 모습으로 다가올 수 있습니다.

새로운 경험이 쌓이는 만큼 처음 대하는 일들에서 겪는 감정과 성장의 시간도 똑같이 새로울 테니까요. 위기의 상황이 또 발생하는 순간입니다.

하지만 이제는 다릅니다. 일기를 쓰면서 나를 들여다보지 않았다면 알지 못했을 나의 강점들을 알게 되었고, 그것이 자신감을 불어넣어주는 원동력이 되고 있으니 말이지요. 흔들리더라도 다시 마음을 가다듬을 수 있다는 믿음이 있거든요. 자신감은 커지고, 열등감이 뿌리내릴 자리는 줄었습니다.

'지금의 나'는 '되고 싶은 나'를 만날 수 있을지에 대해 더 이상 의심하지 않습니다.

언제가는 연결될
수많은 점을 찍고 있습니다

꿈을 기록하는 것이 나의 목표였던 적은 없다. 꿈을 실현
하는 것이 나의 목표다.

— 맨 레이(미국 사진작가)

책을 읽다가 발견한 문구입니다. 맞아요. 기록만 해두고 시도조차 해보지 않는다면, 그것은 아무것도 아니지요.

엄마가 되기 전, 온라인 쇼핑몰에서 화장품 몇 개를 팔아본 적이 있습니다. 호기심에 발을 들여놓게 된 온라인 쇼핑몰은 고만고만한 물건들 사이에서 팔아내겠다는 아우성이 가득한 치열한 전쟁터였습니다. 이곳에서 처음으로 '내

일'을 해보고 싶다는 생각이 들었어요. 미미한 수익을 내는 정도에서 그쳤지만 '내 일'의 꿈을 품어보기 시작했습니다.

어느 순간부터 매일 '내 일'을 일기장에 썼습니다. 그리고 얼마 지나지 않아 지인의 추천으로 구글 캠퍼스에서 진행하는 'Campus for Moms' 프로그램을 수료하고, 진짜 사업자등록증을 냈어요. 회사명을 고민하고, 로고를 만들고, 함께할 수 있을 사람들을 찾아다니며 만났습니다. 열심히 한다고 생각은 했지만, 아쉽게도 일 년 만에 폐업 신고를 하게 되었어요. 그런데, 이때의 경험 덕분에 스타트업에 대해 알게 되었습니다. '카드 뉴스'라는 것도 알게 되었고요. 그리고 카드 뉴스를 만들어 많은 관심을 받고 있던 한 업체에서 카드 뉴스 글쓰기 아르바이트를 반년 정도 이어가게 되었습니다. 글을 쓰기 위해 책을 많이 찾고 읽었습니다. 당시의 지식들을 실생활에 적용하려고 노력했어요. 조금 더 시간이 흘러, 스타트업과 관련한 원고를 쓰는 에디터 일도 하게 되었지요.

출산일 하루 전날, 한 육아 잡지에 응모한 짧은 동화가 그림과 함께 실리게 되었습니다. 그리고 '작가'라는 단어를 마음속에 새겼어요. 글 쓰는 플랫폼인 카카오 브런치에 자주 글을 올렸습니다. 점차 책을 쓰고 싶다는 욕심이 생겼지요. 혼자 주제를 생각하고 목차를 정해보면서 투고를 시작했습니다. 반려 메일이 쏟아졌지만 멈추지 않았어요. 일기장에 매일매일 '나는 작가'라고 썼기 때문에 그 말에 책임을 지기 위해서라도 멈출 수가 없었거든요. 계속해서 거절 메시지를 받는다 하더라도, 매일 일기장에 내 꿈을 쓰고 있다면 꿈은 잊히지 않습니다. 내가 잊지 않았기 때문에 엄마 일기에 꾹꾹 눌러 쓴 꿈도 나를 잊지 않았지요.

꿈은 바뀌기도 합니다. 변하는 꿈에 맞춰 새로운 것들을 시도하다 보면, 가끔은 시간 낭비를 하고 있는 건 아닐까 싶기도 해요. 바닥에 찍히는 발자국들을 보면, 이곳저곳 어지럽게 돌아다니며 각각 다른 길로 향하고 있으니까요. 한 우물만 파도 시원치 않을 판에 지나온 행적들이 모두 듬성듬성 떨어져 있으니 걱정도 될 테고요.

하지만 전혀 관련 없어 보이던 점들도 결국 이어지더 군요. 마치 아이들의 점선 잇기 그림처럼 말입니다. 공통분모가 없어 보였던 목표들도 서로 도움을 주는 부분이 분명 있었고, 첫 번째 점을 찍었기 때문에 두 번째 점이 생길 수 있었던 것이더라고요.

흔들리는 방향과 불분명해 보이는 목표에 마음이 혼

란스러울 때가 있을 거예요. 하지만 일기장에 기록한 꿈에 대해 책임감을 갖고 움직이면서 믿음을 갖게 되었습니다. 언젠가는 연결될 수많은 점을 찍고 있는 중이라고 말입니다.

10년 후 어떤 모습의 내가 되어 있기를 바라나요?

내가 나 자신이어야 생기는 일들

아이가 초등학교에 입학했습니다. 새로운 책가방을 메고 학교가 재미있다며 걸어가는 뒷모습을 바라보고 있자니, 언제 이렇게 성장했는지 기특합니다. 그리고 언제 이렇게 키웠나 하는 생각에 엄마인 나도 기특합니다.

아이가 유치원에서 초등학교로 한 단계 올라서면서 엄마도 유치원 엄마에서 초등학교 엄마로 승격되었습니다. 학교를 가는 주인공은 아이인데, 마치 엄마의 첫 사회생활이 시작되는 것인 마냥 몸살이 날 만큼 정신이 없었어요. 하지만 아이를 처음 기관에 보내며 눈물을 흘리던 시절과 비교하면 지금은 엄마 역시 많이 성장했음을 느낍니다. 아이가 유치원 시절에 자신을 많이 다지면서 자랐듯, 엄마도 같은 기간 동안 수없이 많은 고민을 반복하고 해결해가며 틀을 잡아갔거든요. 그래서 아이를 처음 맡길 때 느꼈던 막막한 불안은 더 이상 없습니다. 그 시간을 엄마 일기와 함께했던 덕분에 맷집도 자신도 생겼거든요.

아이를 낳고 아이를 학교에 보내기 전까지 정말이지 너무 많은 일들이 있었습니다. 배워본 적이 없는 일을 실전으로 익히려니 시행착오도 많았어요. 출산 후 한동안 기억이 깜빡깜빡해지자, 이러다가 다시는 사회로 나갈 수 없는 건 아닌지 걱정이 되기도 했고요. 아이를 챙기느라 제대로 밥을 먹지 못해서 건강이 신경 쓰이던 시절도 있었고, 가끔은 훌쩍훌쩍 커 있는 아이를 보며 '이 아이가 나중에 다 크면 나는 어떻게 살아가야 할까?'라는 앞선 걱정을 해보기도 했습니다. 내가 어떤 사람인지, 어떤 대응을 할 수 있을지 알 수가 없어서 모든 것이 두려웠습니다.

내가 나를 알지 못할 때는 억울한 일들이 많이 생깁니다. 손해 보는 일만 가득한 것 같고, 내가 나를 오해하는 일도 생기지요. 나 자신에 대한 부정적인 인식이 쌓이면, 무엇이든 부족해 보이기만 하는 나를 사랑할 수가 없습니다. 그러면서도 인정도 받고 싶고 사랑도 받고 싶어요. 이 상반된 마음은 서로 계속 부딪힙니다. 누군가의 사랑을 받기 위해 상대방의 기준에 나를 맞춰가면서 힘든 상황은 더 악화되기만 합니다. 보편적이면서도 무난하게 사랑받는 사람이 되기 위해 진짜 나의 모습을 숨겨야 할 때도 있어요.

하지만 누군가를 의식하면서 사랑받으려 하기보다는 나 스스로를 사랑하는 마음에도 관심을 가지면 좋겠습니다. 누군가의 마음에 들고자 하지 말고, 자신에게 흡족할 만한 사람이 되었으면 하는 바람이에요. 누구나 충분히 그럴 수 있습니다. 일기 쓰는 시간을 통해 나를 보듬고, 돌보고, 응원해 줄 수 있으니까요.

나를 사랑할 수 없을 때, 내가 마음에 들지 않을 때만큼 자신감과 자존감이 없을 때가 있었을까 싶었습니다. 직장에 소속되어 일하거나 사회생활을 할 때는 잘하든 못하든 내 이름으로 주체적인 활동을 할 수 있었지요. 하지만 소위 경력 단절이 된 후에는 나 자신으로 살아 있는 순간이 사라져 버린 듯했습니다. 내가 무언가를 못 할 때가 아니라 내가 없어진 것 같은 느낌이 들 때, 그때가 가장 내 마음에 들지 않는 모습이라는 것을 알게 되었어요. 내가 없어지면 아무것도 할 수 없잖아요.

그런데 지금까지 경험한 수많은 사건 중 엄마가 된 후에 겪은 일, 예를 들어 커리어가 사라졌다든가, 자신감이 없어져 재기하지 못할 것 같다든가 하는 일들은 앞으로도 얼마든지 또 겪게 될 수 있습니다. 지금의 고비를 넘긴다 해도 말이지요.

환경은 변합니다. 아이가 학교에 진학하는 것처럼 아이 때문에 내 환경이 변할 수도 있고, 혹은 가족이나 나 자신 때문에 환경이 변할 수도 있습니다. 세상도 빠른 속도로 미래를 향해 달려가는 중입니다. 한 번 적응했다고 끝이 아닌, 바뀌어가는 환경과 일상이 조화를 이룰 수 있도록 계속 스스로를 변화시켜야 하고요.

변화 속에서 사는 일은 피곤하다기보다는 감사한 일인 것 같습니다. 억지로라도 정체된 삶을 살지 않을 수 있으니까요. 이렇게 변해가는 환경 속에서 언제나 내가 나 자신이어야 함을 잊지 마세요. 진짜 나를 찾아가세요. 나를 너무 아끼게 되고, 나를 너무 좋아하게 되고, 나를 너무 사랑할 수밖에 없는 일들을 꿈꾸세요. 제가 이렇게 책으로 당신을 만났듯 진짜 나를 찾아간다면, 당신도 꿈꾸었던 일들이 현실로 펼쳐진 세상을 경험할 수 있을 것입니다.

내가 나 자신이어야만 생기는 일입니다.

©김지연

육아 일기 말고 엄마 일기

초판 1쇄 펴낸날 2021년 11월 15일

글쓴이.　　　김지연

펴낸이.　　　김민정
펴낸곳.　　　두시의나무
　　　　　　경기도 부천시
　　　　　　소향로13번길 14-22 802호
등록.　　　　제2017-000070호
전화.　　　　032-674-7228
팩스.　　　　070-7966-3288
전자우편.　　dusinamu@gmail.com

©김지연
ISBN　　　　979-11-962812-5-0 (03590)